北京市科学技术协会科普创作出版资金资助

小象科学课·科学可以更好玩

小象科学编委会 主编

毕贤昊 绘

穿越7亿年的人类演化史 下

北京联合出版公司
Beijing United Publishing Co.,Ltd.

怀音

图书在版编目（CIP）数据

穿越7亿年的人类演化史.下 / 小象科学编委会主编；
毕贤昊绘. -- 北京：北京联合出版公司，2021.10
（小象科学课·科学可以更好玩）
ISBN 978-7-5596-4595-1

Ⅰ.①穿… Ⅱ.①小… ②毕… Ⅲ.①人类进化—历
史—少儿读物 Ⅳ.①Q981.1-49

中国版本图书馆CIP数据核字（2020）第189718号

穿越7亿年的人类演化史（下）

主　　编：小象科学编委会　　插　　图：毕贤昊
出 品 人：赵红仕　　　　　　选题策划：联合低音
出版监制：刘　凯　　　　　　责任编辑：李秀芬
特约编辑：李春宴　　　　　　特约策划：刘　裕
装帧设计：聯合書莊

北京联合出版公司出版
（北京市西城区德外大街83号楼9层　　100088）
北京联合天畅文化传播公司发行
北京华联印刷有限公司印刷　　新华书店经销
字数45千字　　889毫米×1194毫米　　1/16　　8印张
2021年10月第1版　　2021年10月第1次印刷
ISBN 978-7-5596-4595-1
定价：39.80元

致家长们的一封信

　　2017 年教育部下发了《义务教育小学科学课程标准》，对小学科学课程标准进行了修订完善，对从小激发和保护孩子的好奇心和求知欲，培养学生的科学精神和实践创新能力具有重要意义。

　　在这样的大背景下，基于教育部下发的《义务教育小学科学课程标准》的基本要求，结合中国孩子的认知和心理发展阶段及对科学学习的实际需求，同时借鉴美国最新《K-12 年级科学教育框架》，北京联合出版公司与知名智能教育品牌"作业盒子"旗下科学教育品牌"小象科学"合作打造了这套中国孩子"愿意读、看得懂"的原创青少年科普教育丛书。

　　"小象科学"持续为超过 100 万小学生提供优质的科学教育内容，其平台"象爸象妈"获得人民日报和中国科协联合举办的"典赞·2017 科普中国十大科普自媒体"称号，是入围自媒体中唯一专注儿童科学教育的平台，累计服务人次超过 6000 万，成为百万家庭信赖的科学教育品牌。

　　此套丛书正是脱胎于"象爸象妈"平台的有声节目"小象科学课"，面向 5—13 岁儿童，具备完整的科学思维，结构内容设计科学合理，依托名校名师的深厚学养，是真正适合中国孩子的原创科普图书，希冀对加强小学科学课程的实践和科学的思维方法的养成大有助益。

"小象科学课"由国内外顶级学府北京大学、中国科学院、德国慕尼黑大学等相关专业背景的优秀青年科学家与孩子直接对话，以基础逻辑思维框架拆解科学知识，以有趣易懂的方式和语言，拓宽孩子对世界的认识。

目前已经开发成熟的生命科学系列，包括《发现五大洲的有趣植物》《走近地球上的神奇动物》《探寻身体的秘密》《穿越7亿年的人类演化史》四大主题，系统全面地介绍生命科学的核心知识，采用"场景式"学习理念，将知识点与逻辑关系融入精心设计的对话场景中，交互式授课方式培养孩子爱思考、敢质疑的学习习惯和科学意识，激发好奇心和探究欲，发展孩子对科学本质的理解，进一步养成正确的科学观，提升逻辑思维能力、问题分析能力和综合学习能力。

目 录

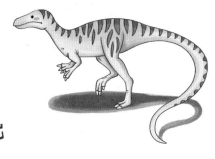

第四单元

恐龙纪元

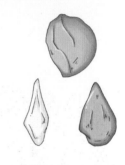

第五单元

从兽到人

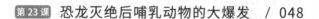

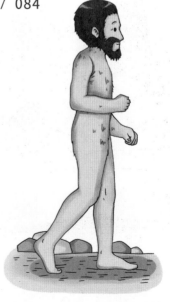

恐龙纪元

你知道恐龙是如何崛起，成为地球霸主的吗？你知道从侏罗纪到白垩纪，生物种类发生了什么变化吗？你知道恐龙灭绝的原因吗？

跟随博士老师和小象布克，一起去探寻恐龙的秘密吧！

马上出发！

恐龙
"创业"记

老师 上一课中，我们讲到在2亿多年前的三叠纪，陆地上的霸主从我们的祖先兽孔类动物转移到了各种古鳄，古鳄凭借着直立行走等绝技，迎来了它们的黄金时代。

布克 老师，恐龙的祖先也是一种古鳄吗？

老师 严格来说不是。恐龙的祖先虽然和古鳄一样都属于蜥形类动物中的主龙类，但是恐龙的祖先和鳄鱼的祖先在二叠纪末大灭绝之前就已经分家了，只不过这两家毕竟是亲戚，它们的身体结构比较相似，因此在演化道路上也有类似之处。比如，在三叠纪，恐龙的祖先和古鳄的祖先都先后进化出了直立行走的能力。

布克 那为什么恐龙没能统治三叠纪呢？

老师 因为古鳄的直立行走能力比恐龙出现得稍微早一些，比恐龙的祖先抢先一步占领了陆地，等到恐龙的祖先也进化出直立行走能力的时候，古鳄们早就称霸陆地了，于是恐龙错过了机会。

虽然恐龙的祖先失去了先机，但它们依旧为后来恐龙称霸陆地奠定了基础。恐龙祖先的双足行走能力比古鳄更厉害，它们腿部的肌肉和骨骼结构更加合理，与古鳄相比，不仅迈开的步子更大、走起来更稳，而且消耗的能量也少得多。因此，直到今天，那些古鳄的后代，也就是今天的鳄鱼，虽然从身体结构上说硬是要站着走路也没问题，但它们还是选择了退回祖先走路的方法，即用四条腿匍匐前进，因为它们在陆地上已经完全没办法和现代的动物竞争了。而恐龙的后代——鸟类则至今还保留着用两只脚走路的特征。

布克 什么？鸟类？鸟类是恐龙的后代吗？

老师 没错，鸟类就是恐龙的后代，这个问题我们以后再细说。总之，到三叠纪后期，恐龙的祖先就已经具备了我们心目中恐龙的一切特征了，比如小小的脑袋，长长的尾巴和脖子，用两条腿行走，等等。

鸟

布克 老师，您是不是说错了呀？恐龙不全是用两条腿行走的，比如剑龙、三角龙、梁龙，都是四脚着地行走的。

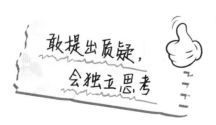

敢提出质疑，
会独立思考

老师 布克，你知道得还真多，看来读了不少书，很不错。其实，最早的恐龙都是用两条腿走路的，只不过后来，恐龙的体形变得越来越大，越来越重，有一些身体巨大的恐龙只靠两条腿实在是支撑不起身体，于是就退回到了四条腿走路的样子。

布克 后来的恐龙变得越来越大，越来越重？那是不是说，最早的恐龙个头儿是比较小的呢？

老师 的确，三叠纪的恐龙不但种类少，而且个头儿也很小。目前，科学家们发现的最古老的恐龙是一种叫作始盗龙的恐龙，它大概比你平常看到的鸡大一些。

始盗龙

布克 啊？那么小呀！

老师 是的，那时的恐龙差不多就长那么大。但是，与它同时期的古鳄却是随随便便就能长到跟现在的大象那么大的家伙，所以说，这三叠纪的恐龙还真是不起眼。

布克 那时的恐龙那么小，它们吃什么呢？

老师 那么小的恐龙当然不会像它们的后辈一样成为凶猛的猎食者的。不过，在始盗龙的食谱中，肉类也占到了很大的比例，确切地说，它们是一群不放过任何捕食机会的杂食动物，既会捕食小型动物，也会捕食昆虫，同时还对营养丰富的植物嫩芽和种子来者不拒。从某种意义上说，三叠纪的早期恐龙和那个时代我们的祖先——哺乳形类动物的地位差不多，都长得小小的、不挑食。当然了，它们还有一个共同点：都是古鳄的猎物。

布克 是不是因为三叠纪的恐龙受到了古鳄的压制，所以一直没有机会壮大？

老师 可以这么说。不过，其实在三叠纪，恐龙家族已经有了一定的发展。除了刚才说的始盗龙，还演化出了许多别的恐龙，比如埃雷拉龙、太阳神龙、邪灵龙等，其中有的甚至已经演化出了一些看起来很"现代"的特征了，比如太阳神龙、邪灵龙等恐龙很可能已经长出了原始的羽毛，它们的后肢——也就是腿，也已经长得很像今天的鸟类了。如果在三叠纪抓一只早期恐龙烤来吃，没准还是鸡肉味的呢！

太阳神龙

布克 哈哈！老师，我担心咱们还没抓到恐龙就被古鳄吃掉了。

老师 哈哈！有道理！

布克 老师，那么后来恐龙是怎么打败古鳄类，成为地球霸主的呢？

老师 原因很简单，那就是——三叠纪末大灭绝。

布克 啊？不是刚发生过灭绝吗？怎么又来一次灭绝呢？

老师 从二叠纪到三叠纪的这段时间，地球处于特别不稳定的时期，各种灾害非常频繁，大大小小的灭绝发生了许多次，包括之前所说的史上最惨烈的二叠纪末大灭绝。而三叠纪末大灭绝则是这段时间里发生的又一次剧烈的大灭绝事件。三叠纪末大灭绝的原因和二叠纪末大灭绝几乎一模一样，实际上，科学家们基本就将其视为一次规模小一号的二叠纪末大灭绝，原因同样也主要和大规模的火山喷发有关。

布克 看来在那段时间里地球上的动物很可怜……

老师 嗯。在三叠纪末大灭绝中遭受最强烈冲击的就是各种古鳄，尤其是陆地上的古鳄，无论是吃草的还是吃肉的，直立行走的还是四脚行走的，几乎都被一扫而空。在此之后，古鳄的后代——鳄鱼也一直无法和随后崛起的恐龙、鸟类以及哺乳动物竞争，家族逐渐凋零，到今天全世界只剩下 20 多种鳄鱼，并且几乎全部濒临灭绝。可以说，在鳄鱼凶猛的外表下，其实隐藏着一段演化道路上的血泪史。

鳄鱼

布克 是啊！古鳄曾经也是地球上的霸主，没想到它们的后代越来越惨。

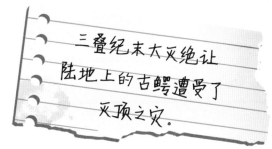

三叠纪末大灭绝让陆地上的古鳄遭受了灭顶之灾。

老师 三叠纪大灭绝几乎也带走了所有的兽孔类与哺乳形类动物，最后在废墟里幸存下来的就是我们的祖先——早期的哺乳动物了。三叠纪末大灭绝后的一段时期是哺乳动物乃至整个合弓纲动物历史上最艰难的一段时光，这个大类差一点儿就全部灭绝了，很可能只剩下少数几种艰难地幸存下来，为我们保留了一星火种。

布克 那恐龙呢？

老师 恐龙可是那个时代的幸运儿。那时候恐龙本来数量就不多，体形又很小，什么食物都吃，而且当时的恐龙几乎全部生活在今天的南美洲一带，那里遭受大灭绝的影响也稍微小一些，因此恐龙家族的损失相对最小。它们在大灭绝后迅速崛起，横扫了合弓纲动物与古鳄曾经盘踞的地盘，成了地球霸主。

布克 太好了，恐龙时代终于到来了。

今天你学到了什么？

恐龙的祖先诞生在三叠纪，尽管恐龙的身体结构比古鳄更先进，但是因为受到了古鳄的压制，三叠纪的恐龙数量少，体形也小，一直没有机会称霸。最早的恐龙叫作始盗龙。始盗龙虽然个头儿小，但是已经有了很多恐龙的特征。三叠纪末大灭绝让陆地上的古鳄遭受了灭顶之灾，恐龙迅速崛起，成为地球霸主。

大规模的火山喷发等
造成三叠纪末大灭绝

三叠纪末大灭绝让陆地上的
古鳄遭受了灭顶之灾

恐龙迅速崛起，成为地球霸主

你想到了吗？

1. 用后肢走路的恐龙，它的前肢有什么用呢？

恐龙的前肢比较短小，没有什么用，基本都退化掉了。恐龙的双足行走如果对应到人类的话，相当于人驼着背在走路，这样手——也就是恐龙的前肢够不到什么东西，反而还影响身体平衡，因此慢慢就退化了，而恐龙的后代 —— 鸟类，则把前肢进化成了翅膀。

2. 恐龙的叫声真的像电影《侏罗纪公园》里那样吗？

不光是《侏罗纪公园》，很多电影中的恐龙的叫声都是借鉴其他动物的叫声模拟出来的。在电影里，有的恐龙的叫声借鉴了狮子的吼叫声。狮子的吼叫需要用到一种叫作声带的器官，而这种器官是哺乳动物特有的，恐龙并没有。不过科学家们认为恐龙也是能发出一些声音的，只不过这些声音一般很低沉，主要用来求偶，而不是恐吓。

一起来参与!

1. 学完这节课，你想提出什么问题呢？把你的问题写下来吧！

2. 在三叠纪后期，一代陆地霸主恐龙的祖先终于出现了，它的名字叫什么？（答案见书后卡片）

第19课

欢迎来到
恐龙时代

老师 上次我们讲到，在三叠纪，恐龙还只是一个毫不起眼的小角色，但是经过三叠纪末大灭绝后，恐龙从此站了起来，一举成了地球陆地的霸主。今天就让我们开启恐龙时代之旅吧！

布克 老师，我知道，恐龙时代的第一个纪元叫侏罗纪。

老师 没错。距今大约2亿年前，地球进入了侏罗纪。在经过了二叠纪到三叠纪差不多1亿年多灾多难的岁月后，地球终于稍微恢复了平静，各种灾难也变少了。而之前的灾难，甚至还给这个时代的地球带来了意想不到的财富，比如二氧化碳。

布克 老师，我知道二氧化碳会带来温室效应。

老师 布克，你的知识越来越丰富了。充足的二氧化碳让地球变得温暖湿润，也为植物进行光合作用提供了重要的原料，因此侏罗纪是一个植物无比茂盛的时期。同样，海洋中的珊瑚礁也从以前的灾难中得以恢复，生命又繁荣起来，食物越来越充足。动物们吃得好了，个子也就越长越大。总体而言，这个时代是地球历史上动物体形最大的时代，而恐龙就是在这个时期称霸陆地的。

布克 老师，当时的恐龙都吃什么呀？

老师 我之前说过恐龙的祖先大多是杂食动物，什么都吃。在三叠纪末大灭绝后，恐龙家族开始向全世界扩散。这时候，它们突然发现自己来到了一个乐园。为什么说是乐园呢？那时候，早先霸占着陆地的古鳄已经全部灭绝了，咱们的祖先——各种原始哺乳动物也是奄奄一息，处在灭绝的边缘。陆地上大片的森林肆意生长，却没有什么动物去吃这些植物，真是太好了。于是，有些恐龙就开始转而吃素了。

其实吃素最舒服了，植物就乖乖地长在那里，想吃就吃，而且在侏罗纪早期也没有什么比较凶猛的猎食者，于是吃素的恐龙越来越多。比如一种叫作小盾龙的恐龙，个头儿大概也就像一只狗那么大，它最大的特点是背部长着许多坚硬的鳞片，和鳄鱼有点儿像。这种恐龙就完全不吃肉，一门心思吃地上的矮小植物。

小盾龙

还有一类恐龙，比如槽齿龙等，它们比小盾龙的个头儿稍微大一些，大概有一只山羊那么大。这些恐龙的脖子稍微长一点儿，能够得着树上的叶子，于是它们就开始吃树叶之类的食物了。

布克 老师，吃素的动物个头儿会更大吗？

老师 虽然不能绝对这样说，但是从总体来看，至少在陆地上，吃素动物的个头儿更容易演化得大一些。今天陆地上的大型动物，如大象、犀牛、河马、长颈鹿等，毫无例外都是吃素的。而在侏罗纪，植物异常繁盛，吃素的恐龙们有非常充足的食物，于是，它们就越吃越大，后代也变得越来越大。刚才提到的小盾龙和它的亲戚就慢慢演化成了甲龙、剑龙等恐龙。这些甲龙和剑龙几乎和一辆小汽车差不多大，特别大的种类差不多相当于一辆小型公交车，再加上它们身上还装备着厚重的铠甲，那简直就像坦克一样。

布克 哈哈，而且是生物坦克！

老师 不过，要说体形巨大的恐龙，甲龙和剑龙还不算什么。槽齿龙和它近亲的后代演化出了地球有史以来最巨大的陆地动物，也就是科学家们所说的蜥脚类恐龙，比如梁龙、雷龙、腕龙、泰坦龙等都属于蜥脚类恐龙，这些庞然大物随随便便就能长到一座楼房那么大，体重可达几十吨乃至一百多吨，那架势，简直就是一座座会走路的小山。

梁龙

布克 哇！想想就觉得威风！

老师 但是，体形变大也会带来麻烦。那些巨大的恐龙很多都丧失了用两条腿走路的能力。比如我们之前讲到的小盾龙、槽齿龙，原本都是用两条腿行走的，但是随着它们越来越大，越来越重，两条腿再也没有办法支撑庞大的身体了，于是，它们又退回了四条腿行走的状态。恐龙和哺乳动物不一样，哺乳动物用四条腿一样可以跑得飞快，就像羚羊、猎豹那样，但是恐龙可不行，它们的骨骼有一些特殊，导致一旦四条腿着地就没法快速奔跑，因此这些四条腿走路的大型食草恐龙就成了任人宰割的肉。

布克 老师，我在电影里见过，吃肉的恐龙会抓它们吃。

老师 没错。从侏罗纪中期开始，食肉恐龙的体形也逐渐长大了。到侏罗纪后期，以异特龙等为代表的各种食肉恐龙也越长越大，如有

异特龙

的异特龙身长超过 10 米，站起来有 2 层楼那么高。再之后，体形更大、速度更快的暴龙类恐龙也纷纷登上了历史舞台。

布克 老师，电影里会飞的翼龙、海里的鱼龙和蛇颈龙等，这些恐龙是什么时候开始出现的呢？

老师 我要纠正一下，翼龙、鱼龙、蛇颈龙等并不属于恐龙。其

原来翼龙、鱼龙、蛇颈龙不属于恐龙！

中，翼龙算是恐龙和古鳄的远房亲戚，是第一种飞上天空的脊椎动物。侏罗纪也是翼龙的全盛时期，那时的翼龙是天空绝对的霸主，就跟今天的鸟类一样。

而海洋中的鱼龙、蛇颈龙等，科学家们对它们在演化上的地位还不是特别清楚，不过一般认为它们跟恐龙的关系比较远，反而和今天的蜥蜴、蛇等动物更接近。侏罗纪的海洋可谓是相当热闹，除了鱼龙和蛇颈龙，海洋里还广泛生活着躲过三叠纪末大灭绝的海洋古鳄。此外，还有许多鲨鱼和硬骨鱼类也发展出了非常巨大的体形。这些海洋巨兽有的成了可怕的猎食者，有的则像今天的蓝鲸一样以海洋中的浮游生物为食。这些海洋巨兽之间的竞争一直延续到了白垩纪。

今天你学到了什么？

　　大约在 2 亿年前，地球进入侏罗纪，从此开始了恐龙时代。由于温室效应，侏罗纪的地球温暖湿润，植物茂密，所以许多恐龙开始吃素。由于能吃的植物太多，且又没有别的动物跟它们竞争，所以有的恐龙越长越大，比如梁龙、泰坦龙等；也有一些恐龙变成了非常大的猎食者，来吃这些吃素的恐龙，比如暴龙类等。那时候，陆地上的霸主是恐龙，天空中的霸主是翼龙。在海洋中，鱼龙、蛇颈龙，还有古鳄、鲨鱼等好多海洋巨兽都在激烈竞争，难分高下。

侏罗纪时期，植物非常茂盛

一些恐龙以植物为食，
如梁龙、泰坦龙等

一些变成大型食肉恐龙，
如暴龙类等

你想到了吗?

1. 为什么蛇颈龙会长出那么长的脖子?

蛇颈龙在保持身体漂浮或游动状态时,可以让脖子向下弯曲去取食水底的鱼和甲壳类动物。另外,脖子特别长的蛇颈龙可以长距离直线游泳。长脖子在直线前进时可以分开水,降低湍流影响并节约能量,在伸到鱼群或乌贼群里时也不易让猎物受惊逃走。

2. 霸王龙属于什么类的恐龙,它出现在什么时期?

霸王龙属于一类强大的食肉恐龙——暴龙类恐龙。这类恐龙其实在侏罗纪就已经出现了,但是并不强势,一直到白垩纪才成为恐龙时代最顶尖的陆地掠食者。霸王龙是这个家族中最辉煌的角色,它们体形庞大、数量众多、分布广泛,而且一直到白垩纪的最后时期,才随着恐龙的整体灭绝而消失。

一起来参与!

1. 学完这节课,你想提出什么问题呢?把你的问题写下来吧!

2. 在侏罗纪,陆地上的霸主是什么动物? (答案见书后卡片)

哺乳动物的 星星之火

老师 上一课我们走进了巨龙横行的侏罗纪。那里有成片的森林、全副武装的剑龙、甲龙，有身体像一座山似的蜥脚类恐龙，还有各种可怕的食肉龙。天上有成群的翼龙飞翔，海里则是鱼龙、蛇颈龙、海洋古鳄等大型巨兽竞相争霸。

布克 老师，我们的祖先那时候在干什么呀？

老师 今天，我就带你看看在恐龙的阴影下，包括我们祖先在内的新生力量是怎样成长起来的。

我们的祖先——各种合弓纲动物经过二叠纪到三叠纪一系列灭绝事件后，到恐龙时代基本已经处于濒临灭绝的状态了。

但是，我们不得不佩服祖先们顽强的生存能力。经过短暂的低谷期后，原始哺乳动物重新发展起来。这些原始的哺乳动物是合弓纲动物的后代，它们普遍个头儿很小，样子长得和今天的老鼠差不多。

布克 咦？它们那么弱小，不会被恐龙吃掉吗？

老师 确实有很多原始哺乳动物成了恐龙的猎物，不过，这些动物有自己的生存绝招儿，即它们的鼻子和耳朵。

布克 咦？难道恐龙没有鼻子和耳朵吗？

老师 恐龙只有鼻孔，没有鼻子，而且它的鼻孔直接通到嘴里，这可给恐龙带来了不小的麻烦。如果恐龙嘴里塞满食物，就没办法呼吸了，所以它只会咬住食物，没办法咀嚼，最后只能囫囵吞下去。

布克 啊？竟然是这样！

老师 其实，鼻子的功能不限于此，它里面还有丰富的嗅觉感受器，可以让我们闻到各种气味，知道香、臭等味道，所以没有鼻子的恐龙嗅觉非常差。

恐龙不仅没有鼻子，还没有耳朵。布克，你说耳朵是干什么用的呢？

布克 听声音的！

老师 是的，耳朵（外耳）可以汇聚空气中的声波，这样就能听得更清楚。没有耳朵（外耳）的恐龙虽然也能听到声音，但是听力可就不怎么样了。

跟恐龙相比，原始哺乳动物既有鼻子又有耳朵，总体来说，要比恐龙的嗅觉、听觉灵敏多了。

布克 哦，原来恐龙是很迟钝的。

老师 话也不能这么说。虽然在嗅觉、听觉上有点儿差距，但是恐龙的视觉远远超过我们的祖先。不过，视觉有个问题——需要光，白天有光，就能看清东西；晚上没光，就什么也看不清了。因此，在白天，我们的祖先基本完全生活在恐龙的恐怖阴影之下，但是到了晚上，恐龙就看不清了，所以我们的祖先就专门在晚上出来捕捉昆虫或者挖植物的根来吃。

布克 哇！那时候的哺乳动物就这么聪明啦！

老师 有一些科学家认为，原始哺乳动物很可能是一群夜行性动物，这倒是和今天的老鼠差不多。

布克 老师，我想到一个问题，白天我们的祖先躲在哪里呢？

老师 我们的祖先还有一项能力——挖洞。你在电影里看到的恐龙，绝大多数是小短手、根本不会挖洞的样子吧？而我们的祖先则会挖洞，这样白天躲在地洞里睡觉，恐龙就抓不到它们了。

爱动脑，勤思考

布克 哈哈，确实是个好办法！白天躲在洞里睡大觉，晚上出来找吃的。我们的祖先很聪明呀！

动物挖洞

老师 不只如此，有一些原始哺乳动物还发展出了另一项高超的生存技巧。你想想，虽然一些原始哺乳动物可以躲避恐龙的猎杀，但是它们生的蛋可不会自己跑，还是容易被别的动物吃掉。因此，我们的祖先又发展出"胎生"的新技能，即不生蛋，直接生出幼崽。

而且，我们的祖先还强化了哺乳的能力，演化出了专门用来喂奶的乳房和乳头，这样幼崽在刚出生的时候就有充足的食物，发育得就更好了。

从此，真正的哺乳动物，就登上了历史舞台，科学家们把它们叫作真兽类动物。到目前为止，科学家们发现的最早的真兽类动物化石，位于我们国家的辽宁省，叫作中华侏罗兽。

布克 我们国家的化石真丰富呀！

老师 没错，同样是在辽宁，还发现了另
一种新兴动物
的化石——
鸟类化石。

中华侏罗兽

布克 我记得您说过，鸟类是由恐龙演化而来的。

老师 没错，之前我说过，在三叠纪的时候，就已经有些恐龙身上长着羽毛了，不过当时的羽毛比较原始，而且数量也不多。到了侏罗纪，这些长羽毛的恐龙就开始繁盛起来。不过一开始，羽毛的主要作用是保暖，很多恐龙都是小时候长着羽毛，长大不怎么怕冷后就会把羽毛褪掉。不过，也有一些比较小型的恐龙终身都长着羽毛。

布克 然后，这些长羽毛的小型恐龙就飞起来，成了鸟吗？

老师 倒也没那么快。在侏罗纪早期，有些恐龙发现了羽毛别的用途——不是用来飞，而是用来装饰。就像很多鸟类长着五颜六色的羽毛用来吸引异性一样，恐龙的视力特别好，如果出现一只羽毛艳丽的恐龙，那可真是光彩夺目，能够吸引更多的配偶，留下更多的后代。

布克 啊？它们长羽毛竟然是为了漂亮！

老师 是啊！而且，有些恐龙之间就开始比谁的羽毛更漂亮，于是它们的羽毛就变得越来越发达，越来越夸张。

后来，有一些恐龙开始从地上迁徙到树上，当它们从树上跳下来时，如果张开羽毛，降落的速度就会变慢，不容易摔伤，这样它们遇到危险时就可以直接从树上跳下来逃命了。

布克 这样的羽毛就不只是为了漂亮了，而是可以保命！

老师 没错，于是羽毛的演化方向就向着空气动力学特性发展了，也就是说，羽毛变得越来越适合飞行了。慢慢地，有些恐龙可以在树之间滑翔了；后来，有的恐龙就飞上了蓝天。

小盗龙

最早能够飞行的恐龙，其实也说不清那算是鸟类还是恐龙，我们姑且就叫它们类鸟恐龙吧，名为小盗龙。它们的羽毛飞起来漏风，不像现在的鸟类羽毛这么先进，所以它们要长两对翅膀，即不仅上肢长满羽毛变成了翅膀，两条腿也成了翅膀的样子，这样才能很好地飞行。

再以后，羽毛越来越发达，只留下一对翅膀就够用了，于是鸟类便诞生了。目前，科学家们发现的最早的鸟类化石是在德国发现的始祖鸟化石。始祖鸟还带有许多恐龙的特征，比如长着长长的尾巴，嘴里有牙齿，翅膀上有爪子等。

始祖鸟

布克 始祖鸟的长相太有意思了！

老师 总之，到这时，哺乳动物和鸟类这两种现在最常见的动物，终于在恐龙的统治之下崛起了。

今天你学到了什么？

在侏罗纪时期，恐龙是地球上的霸主。但是，原始哺乳动物依靠自己的鼻子、耳朵和挖洞能力，在恐龙的统治下慢慢发展起来。这一时期原始哺乳动物不断演化，出现真兽类哺乳动物。最早的真兽类动物是在我国发现的中华侏罗兽。与此同时，一部分小型恐龙的羽毛发展起来，演化成了鸟类。最早的鸟类是在德国发现的始祖鸟。

在侏罗纪时期，恐龙是地球上的霸主

这一时期原始哺乳动物不断演化，出现真兽类哺乳动物，如中华侏罗兽

一部分小型恐龙的羽毛发展起来，由最早的保暖功能，慢慢演化出吸引异性的功能

最终羽毛演化出适合飞行的功能，如小盗龙

025

你想到了吗？

1. 在侏罗纪时期，翼龙还是空中的霸主吗？

在恐龙时代的绝大多数时间里，翼龙都是毫无争议的空中霸主，一直到恐龙快灭绝的白垩纪中晚期，翼龙的势力才开始衰退。

2. 没有耳朵的恐龙是如何听到声音的？

我们这里所说的耳朵，科学家们称之为外耳，是整个听觉系统的一部分。外耳就像雷达一样，可以汇聚声音，让听觉变得更加敏锐。但是，即使没有外耳，听觉也只是会差一些，并不会完全消失。就像我们捂住耳朵（外耳）也还是能听到声音，只是声音不太清楚一样。虽然恐龙没有外耳，但是也是能听到声音的。

一起来参与！

1. 学完这节课，你想提出什么问题呢？把你的问题写下来吧！

2. 在白垩纪，有一类会飞的动物开始出现，并挑战了翼龙的地位，这类动物是什么？（答案见书后卡片）

第 21 课

恐龙帝国的余晖

老师 上次课，我们讲了侏罗纪后期出现的新生力量，也就是在今天最常见的两类动物——哺乳动物和鸟类。不过，到那时为止，陆地依旧是恐龙的天下。随着时光流逝，地球在大约 1 亿 4500 万年前进入了一个新的历史时期——白垩纪。

布克 老师，这次还有大灭绝吗？是不是侏罗纪和白垩纪之间又有大灭绝了？

老师 看来你对大灭绝印象深刻啊！不过，这次没有了。这是一次非常平稳的交接，白垩纪的气候与侏罗纪非常相似，而且，白垩纪的地球更加温暖湿润，大气中二氧化碳的含量稍微少一些，唯一的差别就是地球上的动物种类发生了巨大的变化。

布克 地球上的动物种类发生了什么巨大的变化呢？

老师 新一代的动物逐渐取代了原来的霸主。比如海洋里的争霸终于在白垩纪决出了胜负，海洋古鳄基本灭绝，鱼龙类大大衰微。不过，作为胜利者的蛇颈龙类也没有享受太久胜利的果

沧龙

实，就遭遇了最后一种下海的大型爬行动物——沧龙的激烈竞争。沧龙是今天的蛇类的近亲，有一些科学家认为，现代的蛇类有可能是某些原始沧龙重新回到陆地上演化而成的。

　　类似的情况也出现在白垩纪的天空。布克，你还记得在侏罗纪崛起的鸟类吗？到白垩纪后，那时的鸟类虽然和现在的鸟类长得不太一样，比如大多还长着和恐龙一样的长尾巴，嘴里还有牙齿，但是它们已经发展出了非常卓越的飞行能力。

布克 老师，我记得原来天空的霸主是翼龙。

老师 没错，原来是翼龙。但是在和鸟类的竞争中，翼龙节节败退，到白垩纪中后期，小型翼龙几乎全部灭绝，只剩下少数几种体形特别巨大的翼龙，还在利用体形优势与鸟类做着最后的抵抗，其中就有历史上最巨大的翼龙——风神翼龙。

布克 风神翼龙，好威武的名字！它们有多大呀？

老师 科学家们推测最大的风神翼龙翅膀展开可以超过 10 米，差不多相当于一架喷气式战斗机那么大，是目前为止地球上出现过的最大的飞行生物了。

风神翼龙

布克 这么大！真是不可思议！

老师 这时，陆地上的面貌也发生了巨大的改变，最显著的一点是植物普遍开始开花了。虽然最早的开花植物诞生在侏罗纪，但是直到白垩纪，开花植物才渐渐成为主流。

布克，我要问你一个问题，现在的植物一般怎么传播花粉呢？

布克 通过蜜蜂。蜜蜂从一朵花飞到另一朵花的时候，就帮植物传播了花粉。

老师 你说的没错。开花植物的扩散很大程度上要依赖蜜蜂这样的昆虫帮助，我们现在所熟悉的蜜蜂就起源于白垩纪，直到今天，这些勤劳的小蜜蜂还在帮助植物传粉。

布克 植物有了巨大的变化，那恐龙怎么样了呢？

老师 从侏罗纪到白垩纪，恐龙也经历了一次更新换代，吃草的剑龙和巨型蜥脚类恐龙在白垩纪几乎全部灭绝，取而代之的是角龙类和鸭嘴龙类恐龙。比如你经常在电影、电视里看到的长得有点儿像犀牛的三角龙，就是一种角龙。

　　而大型食肉龙类，比如异特龙等，就被暴龙类取代，我们熟知的威猛霸气的霸王龙就是一种暴龙类恐龙。不过总体来说，无论是数量还是分布范围，白垩纪的恐龙都比侏罗纪繁盛很多，可以说是恐龙的鼎盛时期。

布克　那当时我们的祖先又如何呢？

老师　我们的祖先——早期的哺乳动物，经历了侏罗纪的短暂低谷期后，在白垩纪开始繁盛起来。比如，有一类叫作多瘤齿兽的原始哺乳动物，大概跟一只老鼠差不多大，以吃草为主，偶尔也吃一些小虫子，它们从侏罗纪一直生活到了恐龙灭绝之后，而且分布范围极广，种类繁多。

多瘤齿兽

　　另外，还有一种很好玩的动物——远古翔兽，是一种栖息在树上的小型哺乳动物，靠吃昆虫为生，它最独特的地方在于胳膊和腿之间有一张薄薄的皮膜，可以在树梢间滑翔，是目前所知最古老的会滑翔的哺乳动物。

　　布克，你想象一下，如果不是因为在恐龙时代天空被翼龙和鸟类统治，这种远古翔兽没准还能演化成第一种会飞的哺乳动物呢！

布克 老师，多瘤齿兽和远古翔兽是我们的祖先吗？

老师 并不是。科学家们研究后认为，多瘤齿兽、远古翔兽等都和现代的哺乳动物没有关系，它们在演化上可能和澳大利亚的有袋类哺乳动物，比如袋鼠、考拉等更接近一些。我们真正的祖先应当是那时候的真兽类哺乳动物，这些动物的崛起则要追溯到白垩纪的后期。

真兽类最主要的特征是有真正的胎盘。

布克 老师，您快给我讲讲吧。

老师 在恐龙时代的最后阶段，由于哺乳动物和鸟类的排挤，很多小型恐龙灭绝了。同时，真兽类哺乳动物也出现了许多新的物种，比如有一种叫作实用兽的动物，它的体形已经达到了差不多一只狗那么大，在恐龙时代的哺乳动物中已经算是大家伙了。可以说，恐龙在大灭绝之前，哺乳动物就已经开始挑战恐龙了。

　　布克，你知道吗？我们的直系祖先在白垩纪晚期也出现了，它叫作普尔加托里猴。

布克 猴？这普尔加托里猴是最早的猴子吗？

普尔加托里猴

老师 这个问题特别好。其实目前发现的普尔加托里猴的化石并不是非常完整，因此科学家们对它的演化地位还有争议，有些科学家认为它可能是所有猴子、猩猩，包括我们人类的祖先；也有一些科学家认为它可能同时还是老鼠、兔子等动物的祖先；当然也有科学家认为它根本和我们人类毫无关系。

布克 老师，这个普尔加托里猴长什么样呢？

老师 它的体形和外貌有一点儿像今天的松鼠，生活习惯也和松鼠差不多。在恐龙时代的后期，我们的祖先大概就是这个样子的。

好了，今天我们就讲到这里了。布克，下次课再见！

今天你学到了什么？

　　从侏罗纪到白垩纪，虽然地球的气候变化不是很大，但是生物的种类发生了很大的变化，开花植物渐渐成为主流。在海洋中，蛇颈龙和沧龙成了霸主；在天空中，鸟类开始取代翼龙，渐渐成为霸主；在陆地上，哺乳动物繁盛起来，出现了普尔加托里猴，据说它是人类的祖先。

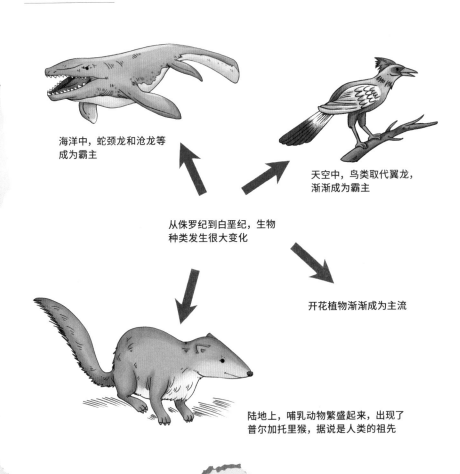

海洋中，蛇颈龙和沧龙等成为霸主

天空中，鸟类取代翼龙，渐渐成为霸主

从侏罗纪到白垩纪，生物种类发生很大变化

开花植物渐渐成为主流

陆地上，哺乳动物繁盛起来，出现了普尔加托里猴，据说是人类的祖先

你想到了吗？

1. 巨大的风神翼龙主要吃什么呢？

　　风神翼龙是一种翼手龙，也叫披羽蛇翼龙，是人类已知最大的飞行动物。风神翼龙身躯为流线型，新陈代谢很快，需要大量的蛋白质作为能量。关于风神翼龙的食性有多种不同的看法，有人认为它是杂食性动物，可能是利用长喙寻找泥中的贝类或者在海面上捕食鱼类为食；有人认为它们会在陆地上捕食小型恐龙。

2. 如果沧龙是蛇类的祖先，那么它们为什么会回到地面呢？

　　沧龙和蛇类有比较近的共同祖先，从目前的证据来看，沧龙的祖先和蛇类的祖先刚下海没多久就分道扬镳了。那时，沧龙和蛇类的祖先还不是很彻底的海洋动物，更类似于现在的海豹，在海里捕食，在陆地休息。蛇类的祖先发现它们在陆地上也能获得不少食物，于是中断了向海洋演化的过程，回到了陆地。不过，蛇类的演化非常缺乏化石证据，至今还有很多未解之谜。

1. 学完这节课，你想提出什么问题呢？把你的问题写下来吧！

2. 从侏罗纪到白垩纪，生物的种类发生了很大的变化，开花植物渐渐成为主流。在陆地上，哺乳动物繁盛起来，出现了一种类似猴的原始哺乳动物，它的名称是什么？（答案见书后卡片）

最后一次 大灭绝

老师 布克，上一课老师讲了恐龙时代最后的景致，今天，老师就来讲讲恐龙是怎么灭绝的。

布克 老师，我知道，恐龙是因为小行星撞击地球而灭绝的。

老师 绝大多数科学家都同意这种说法。不过，就像我们之前讲的泥盆纪末大灭绝、二叠纪末大灭绝一样，恐龙灭绝的背后也有着比较复杂的原因。你可以想想，恐龙的祖先是二叠纪末大灭绝后开始壮大的，而且顺利地渡过了三叠纪末大灭绝，为什么偏偏在白垩纪末大灭绝这个坎上就过不去了呢？

　　还有，鸟类也是恐龙的后代，在白垩纪，早期的鸟类其实和恐龙长得差不多，为什么鸟类就没有灭绝，反而繁盛到了今天呢？

布克 这些问题我倒是没有想过。

老师 之前关于泥盆纪末和二叠纪末的大灭绝，我主要讲了大灭绝对于地球整体的影响。今天，我们就把目光集中到恐龙身上，从恐龙的角度来看看白垩纪末的那次大灭绝。

首先，我先简单讲讲为什么会有白垩纪末大灭绝。这次灭绝发生在大约 6500 万年前，当时发生了德干暗色岩事件。

布克 老师，德干暗色岩事件是什么意思？

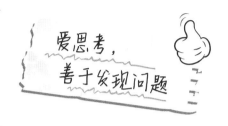

老师 德干暗色岩事件是指一次大规模的火山爆发。6500 万年前的一天，位于现在印度北部的几座超大型火山突然相继喷发，就像二叠纪末大灭绝的峨眉山暗色岩事件一样，这次火山喷发也给周边的生物带来了非常可怕的灾难，而且火山喷发散出的气体和烟尘也对当时地球的环境造成了不小的破坏。

在这场火山大喷发之后又过了50万年，另一场灾难再次降临，有几颗小行星相继撞击到地球上，与当年泥盆纪末大灭绝的天体撞击一样，撞击产生的能量对地球的生态系统造成了严重的破坏。

布克 太惨了……

老师 但是，宇宙好像觉得这样还不够惨，在这场小行星的狂欢中，有一颗直径达10千米的小行星砸在了今天的墨西哥境内，巨大的撞击把这场末日嘉年华推向了最高潮。

布克 地球好惨啊……

老师 的确，这些灾难造成了大量物种灭绝，不仅是恐龙，早期的哺乳动物和鸟类同样也受到了巨大的打击；只不过，恐龙是彻底灭绝，一个物种都没剩下，而鸟类和哺乳动物却留下了很多幸存者。

布克 为什么鸟类和哺乳动物能幸存下来呢？

老师 非常好的问题。在每次全球性的大灭绝中能幸存下来的物种大多有一个特点：小。

布克 老师，您是说体形小吗？

老师 是的。原因很简单，因为身体小，需要的食物、土地等资源就比较少。每次全球性大灾难后，地球上还能够支持动物生存的土地往往破碎成了零星、狭小的孤岛，而且在这些孤岛上，植物非常稀少，食物极度缺乏。大型动物吃得多，所以很难生存下去。

布克 因为恐龙身体庞大，所以很难挺过大灭绝，对吗？

老师 没错。恐龙的祖先之所以能挺过以前的大灭绝，就是因为早期的恐龙，如始盗龙等，体形比较小巧，但是到了这次灭绝时，恐龙却彻底丧失了这一优势。与恐龙类似，当时海洋里的霸主，如体形巨大的沧龙、蛇颈龙等，还有天上飞的个头儿像战斗机那么大的风神翼龙等物种，自然都会在大灭绝中遭受最严重的打击。

布克 老师，我知道了，哺乳动物和鸟类大多是小型动物，所以有可能幸存下来。

老师 非常正确。尽管在这次大灭绝中，有非常多的哺乳动物和鸟类也灭绝了，但其中也有不少幸存了下来。比如很多会生蛋的原始哺乳动物就在这次大灭绝中灭亡了，只剩下极少量存活下来，演化成今天的鸭嘴兽和针鼹等所谓的单孔类哺乳动物。

鸟类的损失则更加惨重。当时的天空

鸭嘴兽

中飞着很多长着长尾巴的古鸟类，科学家们给它们起名叫作反鸟类。反鸟类几乎全部在这次劫难中灭绝了，还有那些生活在海边、嘴里长着牙齿、捕食鱼类的黄昏鸟也灭绝了。

布克 老师，我有一个问题，那些体形比较小的恐龙为什么也没有躲过这次大灭绝呢？

老师 非常好的问题。上节课我们说过，白垩纪晚期鸟类的崛起导致小型翼龙类迅速灭绝，以至于最后很多翼龙都成了诸如风神翼龙那样的庞然大物。其实类似的事情到处都在发生，随着哺乳动物和鸟类日渐兴旺，树梢、地洞等原本属于小型恐龙的地盘都逐渐被占据了。

等到恐龙灭绝的前夕，小型恐龙的数量早已不复当年，即便有少数侥幸躲过了大灭绝，也很难在灭绝之后的废土上重新与强势崛起的鸟类和哺乳动物抗衡，最终无可奈何地走向了灭绝。

布克 啊！这么说来，恐龙灭绝也有咱们祖先的一份"功劳"？

老师 对。总体来说，到白垩纪晚期，哺乳动物与鸟类取代恐龙的倾向已经很明显了，而那些灾难只能说是大大加速了这个过程。

其实从历史上来说，就算没有发生灾难，物种之间的"和平取代"也是经常发生的。在我们的演化道路上就发生过很多次这样的事情，比如当年有颌鱼类取代海蝎子的霸主地位时，就没有发生很大的地质灾害；古鳄类战胜早期兽孔类动物也基本是依靠自己的努力。

我们做一个大胆的假设，假如当年那些小行星没有落到地球上，也许后来的地球会有所不同，也许哺乳动物和鸟类崛起的时间会被推迟，也可能有那么一些恐龙会在激烈的竞争中存活下来。

我再设想一下，如果在那个时空中依旧诞生了人类文明，也许，我们会对恐龙有更多的了解，但是，历史就是这样，不能假设，发生了就是发生了。今天，我们只能从一块一块的化石中寻找证据，推断历史上到底发生了什么。

今天你学到了什么？

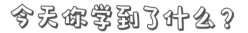

　　6500 万年前发生了大规模的火山爆发，之后过了 50 万年，又发生了小行星撞击地球事件，接连的灾难导致地球环境发生巨大的变化，恐龙最终灭绝，一些小型哺乳动物和鸟类存活下来。

火山喷发和陨石撞击导致
地球环境发生巨大变化

恐龙最终灭绝，一些小型
哺乳动物和鸟类存活下来

极少量存活下来的哺乳动物演化成单孔类
哺乳动物，如鸭嘴兽和针鼹等

你想到了吗？

1. 科学家们可以利用基因复活恐龙吗？

复活一个物种需要很多条件，只有基因是远远不够的。基因的载体是 DNA，即使是在最好的条件下，DNA 也只能保存约 10 万年。恐龙已经灭绝了约 6500 万年了，不可能还有任何古代基因保留到现在，所以也就无法利用基因复活恐龙了。

2. 白垩纪末大灭绝对植物的演化有什么影响吗？

白垩纪末大灭绝是一场全球性的灾难，植物也受到了严重的影响。在恐龙时代，虽然开花植物逐渐开始繁盛，但是占据主流地位的依然是裸子植物。而大灭绝后，因为开花植物的花粉和种子可以借助昆虫等动物传播，就能比裸子植物更快地占据荒芜的土地。于是，裸子植物大大衰退，最后，在第四纪冰期中几乎全灭，只留下了松、柏等比较耐寒的品种，以及银杏等品种。

一起来参与!

1. 学完这节课,你想提出什么问题呢?把你的问题写下来吧!

2. 大规模火山爆发和小行星撞击地球等灾难导致地球环境发生巨大变化,哺乳动物与鸟类最终取代了什么动物?(答案见书后卡片)

从兽到人

你知道恐龙灭绝后哺乳动物发展起来的原因吗？你知道早期智人有什么特点吗？你知道人类最早的文明是什么文明吗？为什么说灌溉农业的出现意味着现代意义上人类文明的诞生？

跟随博士老师和小象布克，一起去探寻从兽到人的秘密吧！

是不是有点儿迫不及待了呢？

第 23 课

恐龙灭绝后哺乳动物的大爆发

老师 上一节课，我们讲了恐龙灭绝的经过。随着恐龙时代的结束，地球告别了白垩纪，来到了古近纪，告别了中生代，来到了新生代。

布克 老师，地球是不是从此就进入哺乳动物统治的时代了？

老师 是的。恐龙灭绝后，地球又变得空旷起来，这让哺乳动物迅速迎来了发展的黄金时期。不过，哺乳动物今天这般的统治地位也是经过了艰苦的奋斗才获得的。

恐龙灭绝之后，它们还要战胜许多别的对手，比如鸟类。

布克 鸟类？难道鸟类也曾经称霸过地球吗？

老师 说称霸地球可能有点儿过了，不过鸟类的确在恐龙灭绝后的很长时间里统治着地球上的许多地盘。

布克 啊！没想到鸟类曾经这么厉害！

老师 是的。其中有几个地区，比如新西兰等大型岛屿，一直到人类迁入才终结了鸟类的统治。

布克 哇！难道说当时有许多巨型鸟类在天空中飞来飞去吗？

老师 不完全正确。在恐龙灭绝后相当长的一段时间里，鸟类的体形总体上比哺乳动物更大一些，不过当时有很多鸟类并不会飞。

布克 不会飞，那是不是像鸵鸟一样？

老师 没错。毕竟身体那么重，实在是飞不起来。但是尽管不会飞，这些鸟类大多却是奔跑能手，确实跟现在的鸵鸟很像，它们继承并壮大了从恐龙祖先那里继承下来的双足行走能力，很多鸟类还有十分灵巧的脖子，可以扭转头部飞速地啄向猎物。

布克 那么这些鸟类会捕食哺乳动物吗？

老师 那当然了。比如当时有一种巨型鸟类叫作冠恐鸟，有一段时间，它们或许就是欧亚大陆的顶级猎食者。它们的猎物据说包括始祖马——一种哺乳动物，据说是今天马和犀牛等动物的祖先。

冠恐鸟捕食始祖马

布克 鸟捕食马，这个世界太疯狂啦！

老师 冠恐鸟比今天的鸵鸟可要大多了，而始祖马却只有现在中等体形的狗那么大，所以冠恐鸟捕食始祖马还是挺合理的。不过，哺乳动物也不是好惹的。从大约 5600 万年前开始，哺乳动物的体形变得越来越大，并在很短的时间内超越了鸟类。这可能是因为鸟类毕竟来自善于飞行的祖先，它们的骨骼系统为了适应飞行发生了许多变化，限制了体形的发展。另外，有些哺乳动物也摸索出了自己独特的生活方式。

布克 什么样的生活方式呢？

老师 比如，当时有一类哺乳动物叫作中爪兽，它们的样子有点儿像长着蹄子的狼，是一种肉食性动物。不过它们的捕猎能力很差，既无法和鸟类竞争，也斗不过哺乳动物中一些吃肉的后起之秀。结果，有一部分中爪兽被逼到了水边，靠捕食水里面的鱼来勉强生存，没想到这竟然为这些中爪兽打开了新的大门。你猜猜看，它们成了今天什么动物的祖先呀？

布克 在水里抓鱼吃，是不是今天水獭的祖先呢？

老师 哈哈，它们最终演化成了今天的鲸和海豚。

布克 啊？我的脑洞再大也想不到会这样……

老师 是的，生物演化的轨迹经常超出我们的脑洞。当时有些中爪兽为了抓鱼，学会了游泳和潜水的技能，演化成了一种半水栖的哺乳动物，叫作巴基斯坦鲸。随后一些巴基斯坦鲸迁徙到了更大的水域里面，体形也变得更大了，成了一种类似鳄

中爪兽

鱼的动物，叫作走鲸。

布克 我的天哪！

老师 再后来，有些走鲸的后代又迁徙到海洋里，变成了凶猛的海洋巨兽，其中最著名的一种叫作龙王鲸。龙王鲸和今天的鲸已经很相似了，不过它们可能还会时不时地爬到陆地上来，生活习惯也许和现在的海豹差不多。最后，鲸类彻底放弃了陆地，成了纯粹的海洋动物，于是就诞生了今天意义上的鲸。

布克 老师，原来鲸的历史这么神奇呀！

老师 是的。除此以外，当初还有一些种类的中爪兽没有迁徙到水边抓鱼，它们最终

原来鲸是这样演化来的，你知道了吗？

干脆放弃了吃肉，变成了吃草的动物。这些中爪兽就演化成了今天的猪、牛、羊、鹿、骆驼等动物。

还有一些，则跑到了沼泽地里抓鱼吃，后来又去吃水草了，这批中爪兽则演化成了今天的河马。

布克 中爪兽可真是子孙繁盛呀！

老师 中爪兽只能算是一个例子，当时还有很多其他哺乳动物，包括之前提到的始祖马在内，都和中爪兽一样，与当时的竞争对手们斗智斗勇，为自己的子孙后代打下了一片江山。

当然，有成功的，就有失败的。比如刚才讲的那些大型鸟类，在哺乳动物全面崛起后就逐渐走向了灭亡。它们的地盘越来越小，最终只剩下今天的少数几种，比如鸵鸟。此外，我们现代的哺乳动物，包括人类在内，绝大多数都属于所谓的真兽类哺乳动物，也就是当初中华侏罗兽的后代。

恐龙灭绝后，幸存的除了真兽类，还有许多别的哺乳动物，比如有袋类哺乳动物，它们也曾经遍布世界，但是后来都没有战胜真兽类动物，纷纷灭绝了。

现在，只有在与其他大陆都隔绝的澳大利亚等地区，还幸

鸵鸟

土豚

存着一些后代，比如我们熟悉的袋鼠、考拉等。

而且，即便在真兽类内部，也爆发了很激烈的竞争，其中也不乏落败的。比如真兽类中有一个分类叫作非洲兽类，这个类群起源于非洲，曾经也遍布全世界。它们大多有着灵活的鼻子，不过后来也是子孙凋零，如今它们的后代也所剩不多，其中我们最熟悉的可能就是大象了。除了大象，今天还幸存的非洲兽类还有土豚、象鼩、蹄兔、非洲猬^{qú}等。

布克 老师，这些动物的名字好奇怪，我基本没有听说过呢。

老师 这些动物都和大象一样，在今天属于珍惜的濒危动物，真的是难得一见。总之，慢慢地，各种动物开始各安其位：鸟类基本丧失了陆地上的控制权，但成了天空霸主；几类真兽类哺乳动物脱颖而出，取代了恐龙当初的地位；鲸类以及海豹等动物下海成为海洋霸主，代替了古代的沧龙和蛇颈龙。

布克 于是，物种之间的竞争就结束了吗？

老师 当然没有了！动物的生存斗争是永远也不会停止的，即便在今天，以蝙蝠为代表的哺乳动物依然在挑战鸟类的地位，而像企鹅之类的鸟类也没有放弃过向海洋进军的步伐。只不过以人类的眼光来看，今天的生存斗争没有大灭绝刚结束的时候那么激烈而已。

今天你学到了什么？

在恐龙灭绝之后，哺乳动物、鸟类等在空旷的地球上开始了激烈的竞争，飞快地演化。当时，很多鸟类的体形很大，不会飞，于是，这些不会飞的大鸟及一些有袋类哺乳动物就逐渐衰弱了下去。而那些体形小巧、会飞的鸟类成为天空的霸主，哺乳动物则称霸了陆地和海洋。

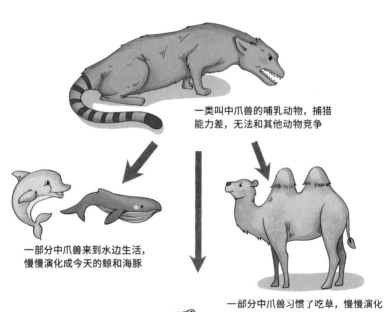

一类叫中爪兽的哺乳动物，捕猎能力差，无法和其他动物竞争

一部分中爪兽来到水边生活，慢慢演化成今天的鲸和海豚

一部分中爪兽习惯了吃草，慢慢演化成今天的骆驼、鹿、羊等动物

一部分中爪兽跑到沼泽地吃水草，慢慢演化成今天的河马

你想到了吗？

1. 有袋类动物在进化的过程中为什么会输给真兽类动物？

　　有袋类动物没有胎盘，它们的幼崽需要继续在育儿袋里发育，而育儿袋毕竟是一个开放的环境，容易使幼崽患病。而且有袋类动物的幼崽必须用自己的前肢爬进育儿袋中，因此它们的演化就受到了限制，不能演化出蹄子、利爪之类的结构。当然，动物演化的过程是符合自然规律的，不能一概判定是输还是赢，比如澳大利亚的袋鼠、南美洲的负鼠，这些有袋类动物就在真兽类动物的竞争中顽强地活了下来。

2. 中爪兽演化成鲸鱼的过程中，它的后腿是怎么消失的呢？

　　随着鲸类不需要再爬回陆地，它们的祖先中爪兽的后腿就慢慢失去了作用，反而在游泳的过程中会增加阻力，所以在演化的过程中，它们的后腿变得越来越细小，最后完全缩进了肚子里面，成了一小节不起眼的骨头。

一起来参与！

1. 学完这节课，你想提出什么问题呢？把你的问题写下来吧！

2. 恐龙灭绝后，有两类动物出现了双雄争霸的局面，分别是哪两
类动物？（答案见书后卡片）

兽、猴、猿

老师 上一课，我们说到恐龙灭绝以后，幸存的动物经过激烈的搏杀构建起了新时代的秩序，也就是从那个时候开始，哺乳动物全面崛起。

在今天的地球上，哺乳动物几乎上天入地无所不能，比如天上飞的有蝙蝠，海里游的有海豚，地下挖洞的有鼹鼠，地上跑的那就更不计其数了，不过在这一片欣欣向荣之中，有一类哺乳动物的处境却是有点儿尴尬。

布克 那是什么动物呢？

老师 那就是我们所属的灵长类动物。

布克 灵长类动物的处境为什么尴尬呀？

老师 在恐龙时代，以普尔加托里猴为代表的原始灵长类动物一般生活在树上，吃嫩叶、昆虫、种子之类，每天提心吊胆，东躲西藏，好不容易才熬到恐龙灭绝。可是恐龙灭绝之后，灵长类动物还是跟祖先一样生活在树上，并没有从树上下来到

057

地面上生活。

布克 这是为什么呢?

老师 具体的原因尚不明确。在恐龙灭绝后的一段时间里,地球上的灵长类动物主要是更猴类。更猴类和它们在恐龙时代的祖先差不多,长得像松鼠,个头儿也不大。类似这样的猴子现在已经全部灭绝了,如今只有一类灵长类动物和它们长得比较像,那就是马达加斯加岛上的各种狐猴。因为马达加斯加岛与世隔绝,岛上的狐猴至今还保留着许多祖先的特征,为我们了解人类起源打开了一扇窗口。

狐猴

　　一般来说,一类动物混成这样是很容易灭绝的,如果当时也来一次像石炭纪雨林崩溃事件那样的森林大幅度消失事件,有可能灵长类动物就直接灭绝了。不过,我们的祖先待在树上却迎来了好运气。

布克 什么好运气呀?

老师 在恐龙灭绝后,有一类植物迅速崛起,那就是开花植物。在恐龙时代的大部分时间内,地球上占据主导地位的都是裸子植物,像我们今天经常见到的松、柏、杉树、银杏等都是裸子植物。这些植物的花为单性,无花被,少数高等者仅具假花被,也可以说它们不开花,当然也不形成果实。

布克 那会开花的植物就能长出果实吗?

老师 开花植物可以依靠蜜蜂等昆虫来传播花粉,可以靠鸟类来传播种子,所以开花植物迅速在陆地上蔓延开来,开疆拓土,很快把原来的裸子植物打压了下去。布克,我问你一个问题,你说现在的猴子喜欢吃什么呀?

布克 猴子喜欢吃水果。

老师 对。开花植物往往能结出营养丰富的果子,所以灵长类动物在树上的生活可谓"丰衣足食",数量和种类也大大增加。直到今天,靠着水果的滋养,灵长类动物依然是这个世界上种类最多的哺乳动物类群。

布克 哦,原来是这样啊!

老师 当时,在相当于今天的中国以及东南亚这一块,还演化出了一种全新的猴子,被称为中华曙猿。这些猴子比原来的更猴更加灵活，善于在树梢上穿梭；手也更加灵巧，摘起果子来更加高效。这些中华曙猿就是今天人类、类人猿和好多种猴子的共同祖先。中华曙猿迅速扩展到欧亚非大陆，取代原始的更猴，成了欧亚非大陆上最主流的猴子。

布克 咦？为什么只有欧亚非大陆，美洲和澳大利亚没有猴子吗？

老师 问得好！当时美洲大陆已经跟欧亚非大陆分离，中间隔着一大片海洋，猴子既不会飞又不会游泳，自然也去不了那里，所以美洲大陆上的原始猴子走了另一条演化路线，演化成了今天的狨猴等所谓的新大陆猴类。

　　而澳大利亚跟欧亚非大陆分离得更早，真兽类动物还没来得及没演化出来，澳大利亚和欧亚非大陆就被海洋隔开了，就更别提猴子了，因此澳大利亚的树上居住的只有萌萌的考拉等有袋类哺乳动物，没有任何猴子。

布克 那这些猴子是怎么变成人的呢？

老师 在 3500 万年前的非洲，出现了一种新的猴子，人们称之为埃及猿，这种猴子已经很符合我们现在对猴子的认识了，如面部扁平、四肢灵巧，等等。

埃及猿

后来，更加接近人类的古代猿猴出现在了距今 1000 多万年前的新近纪，那是一种被称为森林古猿的动物。森林古猿很可能是现代人类和各种猩猩的祖先类群，它的形象也很接近现代的猩猩：没有尾巴、体形较大，而且学会了用两条后腿走路，也就是直立行走。

布克 老师，您等等，森林古猿应该还是生活在森林的树上吧，为什么已经能直立行走了呢？

勤思考，
善于发现问题

老师 灵长类动物在哺乳动物中取得的最重大的突破就是直立行走。我们知道之前的古鳄、恐龙等动物通过直立行走获得了巨大的演化优势，碾压了我们在中生代的祖先。后来的哺乳动物拥有比较灵活的腰部，通过四足行走也可以跑得飞快，因此大多数哺乳动物并不会用两条腿直立行走，而灵长类动物就成了唯一可以直立行走的哺乳动物。

布克 老师，好像不对啊……袋鼠也能用两条腿行走呀！

老师 布克，你仔细看，袋鼠只会用两条腿站起来，或是用两条腿蹦蹦跳跳，可不会像我们一样用两只脚交错着向前走。另外，我们的双足行走

直立行走的灵长类动物

方式跟恐龙很不一样，从姿态上看恐龙很像是驼着背在走路，这样走路的一个坏处就是它们的双手没法用了。因为它们的双手没什么用，所以也长不大。你看很多恐龙都是小短手，而我们却不一样。我们直着身子走，这样双手才有施展的空间。

布克 那是不是说，我们直立行走的方式比恐龙直立行走的方式更先进呢？

老师 这只能说各有所长吧。恐龙和灵长类动物之所以演化出不同的直立行走方式，可能跟直立行走的需求不一样。恐龙的直立行走是为了在平坦的地面上飞奔，而灵长类动物的直立行走，最初是为了在树上活动。

　　布克，你回想一下，在动物园见过的猴子和猩猩，它们的脚掌和手掌长得差不多，都可以握住东西，相比较而言，人类的脚就笨得多。猴子、猩猩的这种构造，可以让它们用双脚抓握着树枝在树上直立行走，同时腾出双手来，既可以摘果子，又可以在树枝间荡来荡去。

　　总而言之，当我们的祖先还在森林里的树上活动时，就已经学会用双足直立行走了。

今天你学到了什么？

　　早期的灵长类动物长期生活在树上。因为开花植物的繁盛，为灵长类动物提供了大量的食物，我们的祖先迅速发展壮大起来。直到今天，灵长类动物也是哺乳动物中种类最丰富的类群。在 3500 万年前出现了类似现代猴子的埃及猿，灵长类动物开始有了直立行走的能力。而且，它们还在树上生活的时候就学会直立行走了。

开花植物依靠蜜蜂等昆虫传粉，
依靠鸟类来传播种子

随着昆虫和鸟类的数量增多，开花植物繁盛起来，为灵长类动物提供了大量的食物

欧亚非大陆演化出的中华曙猿，是今天人类、类人猿与好多种猴子的共同祖先

在距今一千多万年前的新近纪，演化出一种森林古猿，可以直立行走

你想到了吗？

1. 为什么人类的脚不能像猴子一样抓握住树枝，而是演化成现在这样子了呢？

直到大约 700 万年前，人类祖先的脚长得还是跟猴子、猩猩的脚一样，是可以抓握树枝的。后来因为某些原因，人类的祖先离开森林，到地面上生活，在之后的演化中，脚就不用来抓握树枝了，于是慢慢演化成了更加适合在地面奔跑的样子，也就是我们现在的脚。

2. 在美洲大陆上演化的灵长类动物有哪些特点？

灵长类动物在美洲大陆也很繁盛，演化出很多不同的物种。这些物种之间的特点很难一概而论，简单举例说明几个主要特点：美洲大陆的灵长类动物都不会直立行走；尾巴很发达，相当于它们的"第 5 条胳膊"；在样貌上，美洲大陆的猴子跟人类的差别更大，体形较小，如南美洲有世界上最小的灵长类侏儒狨猴，个头儿就像一只大老鼠。

一起来参与！

1. 学完这节课，你想提出什么问题呢？把你的问题写下来吧！

2. 在距今 1000 多万年前的新近纪，出现了一种更加接近人类的古代猿猴，它很可能是现代人类和各种猩猩的祖先类群。它的名字叫什么？（答案见书后卡片）

当人到来的那一夜

老师 上一课，我们说到人类的祖先——早期的灵长类动物搭上了开花植物的便车，扩散到了全世界大多数地区的森林里。如果不出意外，人类的祖先或许永远也不会离开森林，直到今天依然和别的猿猴一样在树上摘果子吃。

布克 那么人类的祖先为什么会离开森林呢？

老师 这要从 700 万年前的非洲东部说起。当时在那个地方的森林里，生活着一群猿猴，我们称之为乍得沙赫人。虽然名字里带个"人"字，但其实无论从外形上来说，还是从演化上来说，它们还只能算是一种猿猴。

布克 老师，那它们长得什么样呢？

老师 它们的样子大概既有点儿像今天的黑猩猩又有点儿像人类，科学家一般认为这个乍得沙

乍得沙赫人头像

赫人就是人类和黑猩猩的共同祖先。

后来，东非地区发生了一件大事。简单来说，东非发生了一系列的地质活动，直接把非洲撕出了一个大口子，形成了一道连绵千里的大峡谷，直到今天，这道峡谷也依然存在。

布克 老师，您说的是东非大裂谷吧？

老师 对，就是东非大裂谷。这个东非大裂谷硬生生地把东非的乍得沙赫人分成了两群。其中分到大裂谷西边的那一群比较幸福，因为那边森林繁茂，它们可以像祖先一样过着居住在树上的生活。这群乍得沙赫人就演化成了今天的黑猩猩和倭黑猩猩。

布克 那么东非大裂谷东边呢？生活在东边的那群乍得沙赫人后来演化成了人类吗？

老师 可以这么说。那群乍得沙赫人的运气很糟糕，东非大裂谷东边的气候比较干燥，森林慢慢地就都消失了，取而代之的是一大片热带草原。于是，我们的祖先就这样被迫离开了森林。

乍得沙赫人被东非大裂谷分成了两群，后来又分别演化成了不同的物种。

布克 没有了森林，就没有水果，那我们的祖先可怎么活呀？

老师 乍得沙赫人的食谱中除了水果和嫩叶，还有另一样东西——肉。今天的黑猩猩虽然平时主要吃素，但是偶尔也会抓捕疣猴之类的动物来吃。而在热带草原上，放眼望去到处都是野牛、羚羊、斑马之类的动物，吃肉就理所当然地成了我们祖先最好的选择。

布克 可是，羚羊、斑马跑得那么快，我们的祖先怎么可能追得上呢？

老师 这是个好问题。这时候，我们祖先的一项能力就派上用场了。

布克 是什么能力呀？

老师 直立行走。当初恐龙直立行走带来的一个好处就是让它们走路变得省力了，而灵长类动物直立行走虽然一开始是为了方便在树上活动，所以跑得不是很快，但是在省力这一点上却是一样的。除此以外，灵长类动物还有一样本领也起了不小的作用，

狗吐舌头散热

那就是全身出汗。布克，你说狗如果太热了会怎么样呀？

布克 会吐出舌头来大喘气。

老师 对了，像狗、牛、马等动物不怎么出汗，它们热了会吐舌头，但是这样散热的效率很差。现在你想想看，我们的祖先可以用两条腿跑，比较省力，而且跑热了，还会通过全身出汗来散热，这意味着什么呀？

布克 我知道了，我们的祖先耐力特别好。

老师 对了！直到今天，人类还是哺乳动物中极少数能跑完马拉松的动物，而像马、猎豹等，虽然短跑非常快，但是跑不了多久就没力气了，还会体温过热，就像发烧了一样，甚至还有可能死掉。所以，我们的祖先就靠着一身好耐力，跟在牛、羊身后不停地跑、不停地跑，活生生地把那些牛、羊给累趴下。

布克 老师，它们的捕猎方法也太酷了，竟然能跑到猎物跑不动为止！

老师 是的，直到今天，非洲一些善于捕猎的民族还在用这种方式来抓捕动物呢。

布克 哦，原来是这样啊！这样看来，我们人类的身体也很厉害呀！

老师 有了充足的食物供应，我们的身体也发生了很多变化。在之后的几百万年里，我们的祖先开始向着善于捕猎的方向演化，比如演化出了足弓……

布克 老师，什么是足弓啊？

老师 你仔细观察一下你的两只脚。你的脚踩在地下的时候，脚心和地面之间是空的。那是因为人的脚心是凹陷的，那个凹陷的部分就是足弓。

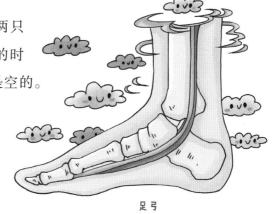

足弓

布克 老师，足弓有什么

特别的地方吗？

老师 在哺乳动物中，只有我们人类有足弓，我们的近亲黑猩猩就没有足弓。有了足弓，我们人类就可以用两只脚长时间地走路和奔跑。

当我们的祖先离开森林后，就再也不需要灵巧的脚掌来抓握树枝了，于是脚就开始朝着善于奔跑的方向演化，最终成了今天这样。我们祖先的腿也变得又长又直，而不是像黑猩猩那样的罗圈腿。与此同时，我们身体上的毛发也逐渐消失了。

布克 为什么毛发也消失了呢？

老师 还是跟散热有关，因为裸露的皮肤可以更好地散热。到这时候，人类的基本样子就差不多成形了。

布克 于是人类就诞生了吗？

老师 先别着急。大约 390 万年前，我们的祖先演化成了南方古猿，这时候它们已经非常善于直立行走，很适应热带草原的生活了。更重要的是，作为一种很成功的草原动物，它们开始向外扩散，其中一些甚至绕开了东非大裂谷，来到了今天的南非一带。它们子孙繁盛，先后又演化出了很多新的物种，其中数量比较多的有能人、阿法南猿粗壮种、阿法南猿鲍氏种等。

南方古猿

布克 能人？这个名字真好玩，是能干的人类的意思吗？

老师 你说得还真对。能人这个词是从拉丁文"Homo Habilis"翻译过来的，这个词也可以理解为"有能力的人"。

布克 那能人是最早的人吗？

老师 差不多可以这么说。那些阿法南猿粗壮种、阿法南猿鲍氏种等不久之后便慢慢灭绝了，而能人却由此崛起，成了最具优势的猿人。也差不多就是从能人开始，人类的脑子开始变得越来越发达，换句话说，我们的祖先开始变聪明了。

布克 我们的祖先为什么会变聪明呢？

老师 关于这个，其实科学家也不是很清楚。比较流行的观点是丰富的食物让部落社会组织变得更加庞大，也让合作捕猎以及野外采集等活动需要更多的交流，那些比较聪明的猿人更加善于处理部落内部的各种矛盾和冲突，于是他们的部落就能容纳更多的猿人，变得更加强大，在与其他猿人部落的战争中更容易取胜，他们也就能留下更多的后代。由于他们聪明，所以他们的后代也比较聪明。

当然这只是一种假说，但我们能确定的是，聪明的大脑让这些猿人迈进了新的时代。从能人开始，我们的祖先开始使用一样无比重要的东西——火。

能人还会利用自然产生的火焰，比如雷电引发的草原大火。他们把这些火种小心地保存在山洞里，而正是这些小小的火苗，将在未来为人类征服世界奠定最坚实的基础。

今天你学到了什么？

　　因为东非大裂谷的出现，原始的乍得沙赫人被分成了两群，其中在大裂谷东边的那群被迫离开了森林，后来演化成我们的祖先。我们的祖先通过长途奔跑累垮牛、羊的方法捕猎获取肉来吃，成为很成功的草原动物，演化出很多新的物种。其中，能人脱颖而出，不但击败了许多别的猿人，而且还演化出了更发达的大脑，并开始使用火。能人可以看作是最早的人。

东非大裂谷把原始的
乍得沙赫人分成两群

一群继续在森林里生活，慢慢演化
成今天的黑猩猩和倭黑猩猩

一群去草原生活，捕猎
其他动物为食，身体不
断演化，呈现出人类的
基本样子

你想到了吗?

1. 我们的祖先是什么时候会使用工具的呢?

　　动物会使用工具这件事并不稀奇，大量的哺乳动物和鸟类都会使用工具。比如海獭会用石头砸开贝壳、海胆，有的海獭甚至会一直保留自己喜欢的那块石头。我们人类的祖先掌握的并不仅仅是会使用简单的工具，而是更加高级的技术——制造工具。至少从700万年前的乍得沙赫人开始，我们的祖先就已经能够制造工具了，但是能够制造出其他动物无法制造的高级、复杂工具的时间，目前已知的是在175万年前，当时的匠人制造出了一种石斧。

2. 为什么现代人的身上还保留了一些毛发呢?

　　毛发起着保护身体的作用。如头皮上的头发可以减少头部热量损失，保护头部免受阳光损伤；睫毛和眉毛可以使眼睛免受阳光、灰尘以及汗液的伤害；鼻毛可以减少鼻腔对灰尘及其他异物的吸入量等。

一起来参与！

1. 学完这节课，你想提出什么问题呢？把你的问题写下来吧！

2. 在大约390万年前，我们的祖先已经非常擅长直立行走，成为很成功的草原动物了。这时我们的祖先叫什么？（答案见书后卡片）

第 26 课

疯狂原始人

老师 上节课，我们讲到在非洲诞生了最早的人类——能人。不过以现在的眼光来看，能人依旧是非常原始的，他们的脑容量很小，虽然也会使用火，但只会把天然存在的火种保存下来用，不会自己生火，而且他们制造的工具也很粗糙，社会结构也比较简单。

布克 那么从能人到现代人之间，我们的祖先又经历了怎样的演化历程呢？

老师 据说是因为能人学会了使用工具和火，有了非常强大的适应能力，于是迅速地从原来东南非洲的一小块地区扩散到了大半个非洲，并且逐渐适应了非洲不同地区的环境。在不同的环境中，能人演化出了许多不同的古人类，我们可以把这些古人类统称为猿人。

布克 这些猿人就是我们的祖先吧？

老师 其实这么说不是很准确，因为在接下来的 100 多万年时间里，这些猿人演化出了许多不同的物种，其中比较值得一提的有匠人和直立人。

布克 匠人？是工匠的匠吗？

老师 没错，就是那个匠。

布克 这个名字比能人更有趣，为什么给他们取了这样的名字？他们是不是比能人更能干？

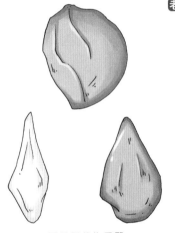

不同形状的石器

老师 别着急，我这就告诉你。匠人是在100多万年前的非洲最接近现代人类的猿人。他们的脑子比能人发达了很多，制造的工具也有了飞跃式的进展，比如在坦桑尼亚的奥杜威峡谷发现了一处匠人的生活遗迹。在遗迹中，人们发现那时的匠人已经可以制造出许多不同的石器，会把石头敲打成非常精细的石片，不同的石片有不同的用途——有的像斧头一样可以砍、剁，有的像小刀一样可以削皮。直到今天，除了人类，还没有任何动物可以制造出这么精良的工具。

这就是他们被称为匠人的原因。有一些科学家认为，正是因为匠人在制造工具等方面取得了巨大的进步，猿人才得以离开非洲，前往更加广阔的世界。科学家们认为，世界上其他地区发现的猿人化石都是匠人的后代。

布克 所以匠人也是我们的祖先吗？

老师 其实这一点我们还不是很确定，因为跟匠人在同一时期还生活着许多不同的猿人，他们之间的样子很相似，都有演化成现代人的可能性。除了这些盘踞在非洲的猿人，还有很多猿人去了非洲以外的地方，这其中就包括直立人。

虽然直立人出现的时间比匠人稍微晚一些，但是从制造工具的水平来看，直立人可能还不如匠人，不过直立人却是最早扩散到整个欧亚大陆的人类。

他们曾经在亚洲的东部地区非常繁盛，现在我们说的北京猿人、元谋猿人等都是直立人的分支。值得一提的是在印度尼西亚发现的弗洛勒斯人，他们长得非常矮小，就算是成年人的身高也不会超过 120 厘米，跟一个一年级的小学生差不多高，所以科学家们给这些小矮人起了个绰号，叫作霍比特人。

北京猿人头部复原像

而且，有一些证据似乎表明，这些长得矮小的猿人直到 500 年前才完全灭绝，可以说是最后一种灭绝的猿人。

勤思考，善于发现问题

布克 老师，那么北京猿人、元谋猿人等是现代中国人的祖先吗？

老师 这是个非常好的问题。以前科学家们也这样想：

世界各地的人长得那么不一样，比如欧洲地区的人大多是白皮肤、高个子，东亚地区的人大多是黄皮肤、中等身高，南非地区的人则是皮肤黝黑、身材精干。那么这些不同地区的人会不会是由各地的猿人分别演化而成的呢？

不过，随着越来越多的猿人化石被挖掘出来，科学家们才意识到，其实这些遍布全球的直立人以及其他猿人其实都和现代人类没什么关系，在漫长的历史长河中，这些猿人全部都灭绝了。

布克 啊！全部都灭绝了？

老师 是的，科学家们认为他们全都灭绝了。现代人类是另一支留在非洲的猿人——海德堡人演化而来的。当然，关于这一点其实也有很多别的理论，毕竟与海德堡人同时代的非洲也有许多别的猿人，不过大多数科学家都同意这个观点。

大概在 60 万年前，位于非洲的海德堡人又一次走出了非洲，这一批走出非洲的海德堡人演化成了所谓的早期智人。

布克 老师，我有个问题，这些早期智人后来走出了非洲，那么，如果他们在非洲以外的大陆遇到了直立人会发生什么呢？

爱动脑，勤思考

老师 他们之间到底是发生了融合，还是爆发了残酷的战争，这依旧是一个未解之谜。不过从化石遗迹来看，早期智人迅速横扫了欧亚大陆大部分地区的直立人，这可能是因为早期智人拥有更加发达的脑子，可以制造更加先进的工具，社会组织也更加庞大、高效。

科学家们发现，最早离开非洲的直立人在大部分地区生活得非常艰难，甚至还经常受到各种猛兽的捕食。而相比较而言，早期智人则厉害多了，比如欧洲的科学家发现，在欧洲的远古时代生活着许多巨兽，包括欧洲象、欧洲犀牛、爱尔兰大角鹿等，都是体重达到好几吨的猛兽，然而随着早期智人的迁入，这些猛兽迅速衰落了下去。它们的衰落很有可能跟早期智人的扩张有关。

布克 早期智人这么厉害呀！

老师 而且，早期智人也发展出了文化。一些考古挖掘发现，早期智人会将死者埋葬起来，甚至很可能还有原始的宗教信仰。这些已经和现代人非常相似了，因此，就算早期智人和直立人之间没有爆发战争，他们强大的生存能力也足以将直立人从自己的领地里排挤出去。

目前，最广为人知的早期智人是欧洲的尼安德特人。另外，我国发现的大荔人、马坝人等也属于早期智人。

布克 那么早期智人是我们的祖先吗？

老师 其实也不是。

布克 啊？还不是啊！

老师 确实不是。早期智人虽然已经

早期智人（欧洲的尼安德特人）

和现代人非常相似，但是他们和我们依旧有一定的差异，比如以尼安德特人为代表的一批早期智人的脑子比我们的脑子还要大。

布克 他们的脑子比我们的还要大？这么说，早期智人比我们更聪明？

老师 是不是比我们更聪明这一点不能确定，不过至少可以肯定的是，早期智人始终没有发展出农业和工业，他们一直到灭绝都还是靠狩猎和采集来获取食物的部落，不过，这是否意味着他们智力不行，恐怕还有待更多研究。

布克 那么我们的祖先既不是直立人，也不是早期智人，那到底是什么人呀？

老师 国际上的主流观点还是认为，现代所有人类，不管是中国人、美国人、澳大利亚人，还是南非人，都是最后一批走出非洲的猿人的后代。不过这个问题其实直到现在也还在激烈争论中，为了了解这场争论的来龙去脉，我们还得回到北京猿人和元谋猿人身上去探索。下节课我们就来解决这个问题！

今天你学到了什么?

　　能人的后代演化成了匠人和直立人等多种猿人,其中直立人离开非洲,迁徙到了世界各地。北京猿人、元谋猿人等就是迁徙到东亚的直立人。大概在60万年前,非洲的海德堡人也离开非洲,演化成了早期智人。早期智人拥有更加强大的制造能力和智慧,他们取代了世界各地的直立人。但是直立人和早期智人很可能都不是现代人类的祖先。

早期智人拥有
更发达的大脑

早期智人可以应对欧洲象、
欧洲犀牛等大型动物

早期智人发展出了文化,可能
还有原始的宗教信仰

早期智人横扫了欧亚
大陆,打败了直立人

你想到了吗？

1. 美洲地区出现过猿人吗？美洲地区的原住民是从哪里来的呢？

美洲地区从来没有出现过猿人，美洲地区的原住民（如印第安人、玛雅人等）也不是由当地的猿人演化而来的，而是"走"过去的。在距今7万多年前的第四纪冰期，地球上很多地方的海洋结冰，把欧亚大陆和美洲大陆连接起来。这样，当时的原始人类就踩着冰，部分地区的人类也许坐着船到达了美洲大陆。

2. 为什么科学家们对人类的演化历史存在争议呢？

但凡研究过去的事情，尤其是文字出现以前的事情，总会有一些细节问题搞不清楚，这是科学研究的常态。科学家们是需要用证据说话的，有时候证据有限，导致出现多个解释，无法给出定论，就会出现一些争议。随着证据的不断增加，这些争议会变得越来越少。

一起来参与！

1. 学完这节课，你想提出什么问题呢？把你的问题写下来吧！

2. 所有种类的猿人有一个共同的老家，这个老家是现在的哪个洲？（答案见书后卡片）

50万年前的
中华大地

老师 上一课，我们讲了许多古人类在历史上的演化和迁徙。现在，大部分科学家认为早期离开非洲的直立人和早期智人都和现代世界各地的人类没有演化上的关系。不过，布克，我们学习知识的时候，不仅要知其然，更重要的是要知其所以然。

布克 老师，您这句话什么意思啊？

老师 意思就是我们要掌握的不仅仅是一个科学的结论，更要知道这个科学的结论是怎么来的。

今天，我们就以在中国发现的两种直立人——北京猿人和元谋猿人为出发点，讲讲科学家们是凭什么认为这些古人类不是现代人类的祖先的。

布克 老师，北京猿人和元谋猿人长什么样子呀？

老师 首先，要明确的一点是，我们现在对北京猿人和元谋猿人样子的理解还是比较有限的，这主要是因为关于这两种猿人出土的化石非常少。北京猿人的化石主要是一些很破碎的骨头残渣，唯一保存比较好的是几个头盖骨，但是这几个北京猿人头盖骨在抗日战争期间失踪了，目前我们手里只有根据当年的照片和考古记录复原出来的复制品。而元谋猿人的化石则更少，目前已经找到的只有几颗牙齿和一截小腿上的骨头而已。

布克 啊？只有这么一点儿化石呀！就凭这些，科学家能知道什么呢？

老师 古生物学家们厉害着呢！他们凭借着丰富的学识，从一点一点的骨骼碎片中就能得到好多信息。而且，除了这些猿人的骨头化石，人们还挖到了很多猿人用过的工具——各种石器，还有他们使用火以后留下来的灰烬。此外，那些原始人抓到猎物后吃剩的骨头，采集野果后扔到各处的果核、叶子等，这些生活垃圾也让古生物学家们挖了出来。所以，总体来说，对于这些猿人的生活，我们也算是有一定的了解。

北京猿人生活复原图

布克 那么他们是怎样生活的呢？

老师 北京猿人和元谋猿人都是直立人的分支，大概生活在 50 多万年前的中国。他们和非洲的近亲匠人，以及亚洲其他地方的直立人一样，也会制造粗糙的石器。他们用这些石器打猎和加工食物。此外，他们虽然并不会生火，但是会很仔细地保存火种。在一个山洞里，古生物学家们发现了好几米厚的灰烬层，那很可能就是北京猿人保存火种的地方。

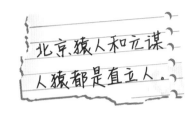

北京猿人和元谋人猿都是直立人。

不过，总体来说，这些古代的猿人生活得非常艰难，远没有他们在非洲的祖先那么滋润，从化石那么稀少就不难看出，在100多万年前的中华大地上，猿人的数量是非常少的，很可能只有一些零星的部落。而且这些猿人甚至都没有爬上食物链的顶端，比如当时北京附近大量生活着一种叫作剑齿虎的动物，这种动物长着獠牙，是当时的顶级猎食者之一。在剑齿虎粪便的化石里，科学家们发现了猿人的骨头残渣，说明北京猿人也是剑齿虎的猎物。甚至还有证据表明，在食物短缺的时候，北京猿人之间还会自相残杀，同类相食。

剑齿虎

布克 好残酷呀！

老师 这也是无奈之举，毕竟在文明出现之前，人类和那些人类的近亲都是野生动物，要在残酷的自然界生存还真是不太容易。

接下来我们就要讲讲北京猿人和元谋猿人等中国古人类的化石带来的风波了。其实很久之前，人们认为世界各地的人都是当地的猿人或者早期智人演化而来的。出现这种想法也很自然，因为按照和现代人的相似程度，很显然直立人更原始一些，早期智人更像现代人，而晚期智人则几乎和现代人一模一样。而且各地的古人类也都有着现在各地原住民的一些典型样貌，比如欧洲的尼安德特人有着欧洲人特有的大鼻子，其中一些还长着欧洲很常见的红色头发；北京猿人的面容也有几分中国人的样子，等等。

布克 那这样说的话，我也觉得世界各地的人都是当地的古人类演化而来的。

老师 然而，随着越来越多的化石被发现，事情就变得奇妙起来。如果各地真的分别发生了猿人—早期智人—晚期智人这样的演化过程，那么为什么我们在非洲以外的其他地区都没有办法找到介于猿人和早期智人，或者介于早期智人和晚期智人之间的化石呢？尤其是在欧洲地区，那里发现的古人类化石非常多，比中国多很多，但是除了海德堡人稍微有点儿接近猿人和早期智人的过渡物种外，没有发现其他这样的化石。后来，科学家们用更精密、更准确的分子生物学方法研究了这些化石，结果更是彻底推翻了各地人类都是独立演化而来的假说。

布克 什么是分子生物学研究呀？

老师 布克，你知道什么是基因吗？

布克 知道，就是藏在我们身体里的一种东西。这种东西决定了我们的好多特点，比如个子的高

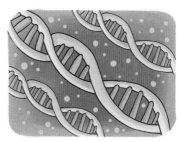

基因横拟图

矮，头发的颜色，等等。我的基因是爸爸妈妈传给我的。

老师 对，说得非常好。我们的基因是爸爸妈妈给的，而爸爸妈妈的基因，是从他们的爸爸妈妈，也就是你的爷爷奶奶或者外公外婆那里来的。总之，基因就是这么一代又一代传下来的。科学家们从古人类的化石里面提取了他们的基因，然后和我们的基因作对比，就能知道这些古人类是不是我们的祖先了。你猜结果怎么样？

布克 难道……他们并不是我们的祖先？

老师 没错。科学家们发现，非洲以外的古人类，尼安德特人也好，直立人也好，都不是现代人的祖先，反而是非洲的那些古人类，哪怕长得和现代人不太一样，却更有可能是我们的祖先。不过，直到今天，依旧有一些包括许多中国科学家在内的研究人员，相信那些非洲以外的古人类并不是简单地灭绝了，他们和我们现代人依旧有继承关系这一说法。

当然，这还需要一些证据，比如今天讲的北京猿人和元谋猿人，他们的化石太少了，而且北京猿人的大部分化石还丢失了，所以我们到今天也没有成功提取到北京猿人和元谋猿人的基因。

布克，如果你对这个问题感兴趣，以后当一个古人类学家，为人类解答一下"我从哪里来"这个问题吧！

今天你学到了什么？

　　北京猿人和元谋猿人是 50 多万年前生活在中国的两种直立人，他们会制造粗糙的石器，还会保存火种，但是，他们的生活很艰难，经常挨饿，还会被剑齿虎之类的动物吃掉。以前，科学家认为世界各地的人类是由各地的古人类演化而来的，但是后来，他们用基因研究发现，人类更有可能是从非洲走出来的。

北京猿人和元谋猿人会制造粗糙的石器，还会保存火种

他们生活很艰难，会被剑齿虎吃掉

他们经常挨饿，有时还会互相残杀

你想到了吗？

1. 除了北京猿人和元谋猿人，科学家们还在中国发现过其他直立人的化石吗？

北京猿人和元谋猿人各自发现的地点相距较远，很有可能是不同时期分别来中国的。所以，很多人推测还会有别的古人类在其他时候来到中国。不过，到目前为止，在中国发现的直立人化石只有北京猿人和元谋猿人。在中国的其他地方，比如陕西蓝田，发现了包括石器在内的古人类的生活痕迹，但遗憾的是，目前还没有在当地发现古人类的骨骼化石。

2. 科学家们是怎么判断北京猿人只会保存火种而不会生火的呢？

这个问题目前还存有争议。目前我们知道的利用自然材料生火的方式大概只有两种，一种是钻木取火，一种是碎石打火。但是在北京猿人的生活痕迹附近，并没有发现钻木取火用到的木棍、木针之类的遗物，也没有发现大量碎石，反而发现了厚达几米的灰烬层，因此，科学家们更倾向于认为，北京猿人是在山洞里保存天然产生的火，但自己不会生火。

一起来参与！

1. 学完这节课，你想提出什么问题呢？把你的问题写下来吧！

2. 50 多万年前，在中国生活着的北京猿人和元谋猿人是中国人的祖先吗？（答案见书后卡片）

再见， 非洲

老师 上一节课，我们讲了北京猿人和元谋猿人这两种直立人，还讲了为什么科学家认为我们是最后一批走出非洲的智人的后代，而不是那些分布在世界各地的直立人或早期智人的后代。

布克 老师，那么我们的祖先是什么人呀？

老师 布克，你还记得之前说的海德堡人吗？科学家认为，当年一部分海德堡人离开非洲，走到了世界各地，演化成了各种早期智人，比如尼安德特人、大荔人等。但是也有一部分海德堡人或者他们的近亲留在了非洲，这群人就是我们的祖先。他们经过一系列演化成了晚期智人。后来，这批最后的智人也要走出非洲了。

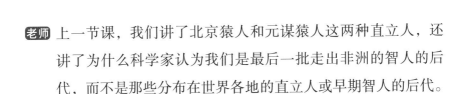

晚期智人

布克 我猜，最后一批走出非洲的智人一定也和之前走出非洲的古人类有过激烈的竞争吧？

老师 你猜对了。我们祖先离开非洲的过程也是一部血泪史，从目前发现的证据来看，晚期智人曾经不止一次想要走出非洲。最早的尝试大概发生在 10 多万年前，不过这次出走遭到了以尼安德特人为代表的早期智人的阻挠。

布克 尼安德特人为什么不让我们的祖先离开非洲呀？

老师 因为晚期智人和早期智人很相似，吃的食物是一样的，住的地方也差不多。举例说明，比如一头野牛，被咱们祖先吃了，尼安德特人就得饿肚子；一个山洞，被咱们祖先霸占了，尼安德特人就得淋雨，他们当然不开心了。不想不开心，那就不能让我们的祖先随随便便到他们的地盘。

　　因此，在 10 多万年前，我们的祖先曾有过几次大规模的走出非洲的运动，到达了现在的中东和欧洲的某些地区，但是在尼安德特人的阻挠下，最终还是没有站稳脚跟。

　　尽管如此，我们祖先走出非洲的步伐并没有因此完全停滞，在此之后的几万年里依旧不断地尝试。不过，尼安德特人毕竟比我们强壮，而且他们的脑子更大，智力水平与我们的祖先相当，所以这些尝试大多失败了。直到 75,000 年前，我们的祖先终于迎来了一次机会。

布克 什么机会呀？

老师 在那个时候，地球的气候发生了一些变化，总体来说是变得更冷了，这个事件被称为第四纪冰期。

地球的第四纪冰期

尼安德特人生活在比较靠北方的欧洲，因此寒冷对他们的冲击也更大一些。另外，也有科学家发现这段时间欧洲出现了一些火山喷发之类的地质灾害，总之，尼安德特人遭遇了几十万年一遇的重大天灾。

布克 又是天灾啊！可是，这天灾对我们的祖先就没有影响吗？

爱动脑，会思考

老师 这个问题问得好。确实有影响，不过是好的影响。我们的祖先生活在炎热的非洲，他们反而因祸得福，生活环境变得更加舒适了。于是，尼安德特人人口骤减，而我们祖先的数量却剧增，这一次，面对汹涌而来的人潮，尼安德特人终于没能抗住攻势，生活区域开始向着欧洲更加偏僻的苦寒之地收缩，并最终一点一点地被我们的祖先取代了。尼安德特人是最强大的一支早期智人，打败他们后，我们的祖先面前就再也没有什么特别强大的对手了，很快就扩散到了世界各地。

布克 我们的祖先不能和尼安德特人和平共处吗？

老师 其实，这个取代并不一定是指我们的祖先把尼安德特人杀光了。当然，大规模的冲突肯定会有，在原始社会里，也没法避免一些杀戮。但是我们的祖先与尼安德特人的相处过程也并非全是打打杀杀。现代遗传学研究发现，我们体内是存在尼安德特人的基因的。也就是说，我们的祖先很可能和尼安德特人一起生活过，双方还通婚生过孩子。而且现代欧洲人体内的尼安德特人基因最多，世界其他地方的人比较少，很显然是带着尼安德特人血统的欧洲人迁徙到别的地方以后，又通过婚姻把尼安德特人的基因传到了别的地方。

布克 所以我们是尼安德特人和晚期智人混血产生的后代，对吗？

老师 这样说也不太对，因为当时涌入欧洲一带的晚期智人太多了，人数上完全碾压尼安德特人，所以就血统来说，我们绝大多数的基因都来自晚期智人，尼安德特人等早期智人只占到很少的一点。从这个意义上说，我们的祖先当然还是最后走出非洲的晚期智人。

布克 那么我们的祖先和世界其他地方的古人类也混血产生过后代吗？

老师 这个问题问得非常好。现在一般认为是有的，我们体内说不定有一些来自北京猿人的基因，不过相比于尼安德特人，世界其他地方的古人类，不管是早期智人还是直立人，对我们基因的贡献少得几乎可以忽略不计。比如中国人、日本人和朝鲜半岛上的人，长得都差不多，一般被统称为东亚人。在东亚人身上某些基因出现的频率特别高，不过这些基因特点到底是来自于当地已经灭绝的古人类，还是我们的祖先自己发生了基因突变产生的，科学家们还在争论当中。

不过，消灭也好，混血也罢，最终我们的祖先——晚期智人至少在血统上占据了绝对的主流，而其他的古人类则最终彻底灭绝了。据科学家考证，最后一种灭绝的古人类是生活在印度尼西亚的弗洛勒斯人，他们很可能一直存活到了大约 500 年前，也就是相当于中国明朝时期。

布克 好可惜呀……

老师 是有点儿可惜，但这就是演化的本
质：物种之间不断取代，推动着
整个生命界向前迈进。不仅其他的
古人类灭绝了，许多其他的动物也
灭绝了，比如欧亚大陆的猛犸象、洞
狮、披毛犀、阿拉伯羚羊，美洲大陆
的乳齿象、雕齿兽、大地懒，等等。
这些动物或是直接被人类捕食而
灭绝，或是因为人类夺取了他们
的食物而灭绝。可以说，人类的
扩散带来了一场很大规模的灭绝，
这就和古代有颌鱼类、四足动物、
恐龙等向全世界扩散时发生的情况差不多。

弗洛勒斯人，身高仅约1.2米

今天你学到了什么？

　　我们的祖先是晚期智人，他们是最后一批走出非洲的古人类。他们用了好几万年才突破尼安德特人的封锁，并且取代了尼安德特人以及世界其他地方的古人类。我们的祖先和其他的古人类有少量的混血，因此我们现在身上还有一些这些古人类的基因。在我们祖先迁徙的过程中，也灭绝了许多其他的动物。

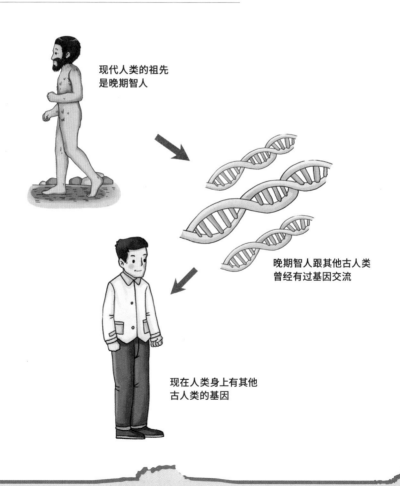

现代人类的祖先
是晚期智人

晚期智人跟其他古人类
曾经有过基因交流

现在人类身上有其他
古人类的基因

你想到了吗？

1. 弗洛勒斯人为什么能活到 500 年前才灭绝？

弗洛勒斯人的祖先在地球冰期时通过冰面迁到弗洛勒斯岛，后来，冰期结束后，岛屿又分离开来，弗洛勒斯人的祖先就被困在了岛上。岛上资源匮乏，只有体形较小、消耗资源少的个体才能存活下来，因此，后来的弗洛勒斯人体形都比较小。由于他们被困在岛上，与早期智人无法相遇，一直到 10,000 多年前，他们遇到了乘船而来的晚期智人。由于弗洛勒斯人体形较小，善于躲藏，所以一直存活下来。直到 500 多年前，晚期智人对弗洛勒斯人进行了一次大围剿，并最终导致他们灭亡。

2. 在中国有没有挖掘出晚期智人的化石和遗迹呢？

古人类学所说的晚期智人指的是 10,000 年前的古人类，因此，诸如红山文化、仰韶文化等遗迹中挖掘出来的古人类遗骨，一般被历史学家归为现代人遗骨。在中国发现的最著名的晚期智人，是生活在大约 30,000 年前的山顶洞人。

一起来参与！

1. 学完这节课，你想提出什么问题呢？把你的问题写下来吧！

2. 75,000 年前，晚期智人走出非洲，取代了其他古人类。那么，晚期智人是中国人的祖先吗？（答案见书后卡片）

文明的曙光

老师 上一课，我们讲了咱们的祖先——最后一批走出非洲的晚期
智人，他们终于打败了世界其他地区的早期智人和猿人，成
为地球上唯一的人类，并以部落为单位扩散到了全世界。

布克 老师，现在世界各地的人都长得不太一样，那么这些人是同
一个物种吗？

老师 因为人类一直在到处迁徙，世界各地的人一直都没有完全隔
离，彼此经常通婚，所以晚期智人并没有分裂成不同的物
种。不过在晚期智人最早走出非洲的几万年里，我们祖先的
生活和之前的古人类并没有什么两样。

布克 老师，那么我们的生活是怎么变成今天这样的呢？

老师 现在，我们已经很少通过敲打石头来制造工具了，也基本不
再需要狩猎和采集来喂饱自己了。这一切是怎么发生的呢？
这就是我们今天要讲的内容——文明的起源。

　　以今天的眼光来看，不管是匠人、直立人，还是早期智

人、晚期智人，他们制造的石头工具都很原始，大概就是用两个石头互相敲击，让石头碎成薄片，这样边缘比较锋利，可以轻松切开动物的皮肉。这种用石头碎片加工得到的石器叫作"打制石器"，那个时代叫作"旧石器时代"。后来在10,000多年前的时候，人类制造石器的能力出现了飞跃式的进步。

布克 什么样的进步呀？

老师 10,000多年前，人们掌握了一种截然不同的加工石头的方法，即把石头放在粗糙的表面打磨，这样打磨出来的石器比敲打出来的石器更加精巧耐用。直到今天，我们加工各种东西，好多也是靠打磨来完成的。这种磨出来的石器叫

磨制石器

作"磨制石器"，从此人类迈进了"新石器时代"。

布克 老师，仅仅是换了一种方法加工石头，就是飞跃式的进步了吗？

老师 如果你觉得磨制石器还不够酷炫，那么下一个突破可就了不得了，那就是生火。匠人、北京猿人、尼安德特人等都只能使用天然存在的火，一旦遇到天灾人祸，把他们保存在山洞里的火种熄灭了，那在下一次出现火之前就只能吃生的东西了。但是，我们的祖先掌握了一样特别实用的技能，那就是钻木取火。从此，再也不需要靠天生火了，随时随地就能点

起一堆火。布克，你说这意味着什么呀？

布克 意味着从此就可以吃烤肉啦！

老师 哈哈！说得有道理。不过，这火的威力可远不止是加热食物。有了随时随地能用的火，人类发现有些泥土经过加热后会变成一种坚硬的材料，于是就有了陶器；一些木头经过火的烤制也会变得更加坚韧，可以做成弓之类的远程武器。再到更加久远一些的后来，人类还发现了有些石头用火烧制后会得到金属。

用陶器加热食物

于是，在更加先进的技术加持下，人类改造大自然的能力就大大增强了，人口也一下子多了起来。与此同时，也出现了一个问题：食物不够吃了。

布克 那可怎么办呀？

老师 有办法。其实，人类从很早的时候就发现，很多植物的种子可以吃，而且发现将这些种子撒到地里，会长出新的植物，结出更多的种子。还有些植物，像红薯、土豆之类，它们的块茎可以吃，留一点儿块茎埋到土里，过一阵子它就会发芽、长大，结出更多的红薯和土豆。后来，人们进一步发现，如果清除掉一块地区的杂草，只保留这些粮食作物，那么收成就会更好。于是，人类很早就掌握了一种技术，叫作

"刀耕火种"。意思就是先放一把火把一片地区烧干净，然后简单地把地犁一下，撒上粮食作物的种子，过几个月回来，这里就会长出植物，并结出更多种子。这种生产方式就是最原始的农业。

布克 这种方式听上去很简单、很轻松呀！

老师 方法是简单，但是这种做法带来的粮食产量也很低，因为人们不会仔细打理自己的农作物，撒下去的大部分种子都不会长大，每撒下一粒种子也就只能收获两粒种子而已。随着人口增加，"刀耕火种"的方式就不够用了。那怎么办呢？人们开始发展出了一种新的耕种方式，细心地呵护农作物，给它们浇水、除草、施肥、清除害虫等。其中浇水比较费劲，人们需要挖掘沟渠把水引过来，这种农业就叫作"灌溉农业"。

灌溉农业

布克 听上去灌溉农业要辛苦多了。

老师 没错。因为灌溉农业需要给土地投入巨大的劳动力，还得防止自己辛勤耕种的成果被别人抢走，所以人们开始修筑城墙、组织军队来保障自己的土地。各地生产的东西不一样，因此不同地区的人要互相交易，于是人们组建起市场。而这些沟渠、军队、城池、市场等都需要大量人参与，人一多，就会产生各种矛盾冲突，这就需要有人来维持秩序，于是政府就诞生了。可以说，灌溉农业的出现代表着现代意义上人类文明的诞生。

布克 那么最早的人类文明是在哪里诞生的呢？

老师 从目前的考古挖掘来看，最早出现的文明可能是美索不达米亚文明，大致位于现在的伊拉克境内，大约在 10,000 年前初现雏形，并在之后的几千年里逐渐成形。这个文明和它的继承者创造了人类最早的文学作品《吉尔伽美什史诗》、最早的法典《汉谟拉比法典》，以及巴别塔、空中花园等工程巨作，在很多地区的历史文献中留下了浓墨重彩的一笔。

最早出现的文明可能是美索不达米亚文明！

布克 老师，我们中国的老祖先知道这个文明吗？

老师 其实在古代，我们和美索不达米亚文明也有一些交流。比如我们吃的小麦、养的牛都是经由这个文明传入国内的。不

美索不达米亚人建立的巴别塔

过，中国和美索不达米亚之间隔着广袤的沙漠和青藏高原，所以交流并不是那么通畅。但是话说回来，我们中国也是世界文明的起源地之一，并长期作为东亚的文明核心。从大概4000年前开始，我们的华夏文明就已经有了雏形，并在大概3000多年前的商代正式成形。从公元前842年，也就是距今约3000年前开始，就有比较系统的历史记录了。

与美索不达米亚类似的文明也在世界各地扎根发芽，人类与地球共同进入了新的时代。

今天你学到了什么？

人类走出非洲后走向了全世界，随着火和磨制石器等新技术的出现，人类开始了从"刀耕火种"到"灌溉农业"的转变，最终建立起文明。全世界最早的文明出现在美索不达米亚，而我们中国所属的华夏文明也是世界文明的发源地之一。

人类学会了用火和磨制石器

人类用工具开始了刀耕火种的农业时代

后来逐渐发展出新的耕种方式——灌溉农业

最终，人类建立起更复杂的文明

你想到了吗？

1. 为什么美索不达米亚文明能最早出现，那里有什么优势吗？

文明起源地既需要先天的自然条件，也需要人为条件。从天然条件来说，整个欧、亚、非大陆满足灌溉农业的地方主要有四处：埃及的尼罗河三角洲，中亚的底格里斯河与幼发拉底河之间的美索不达米亚平原，南亚的印度河与恒河流域，以及中国的黄河与长江的中下游平原。从人为条件来看，美索不达米亚文明具有其他三处文明起源地没有的优势：它大致位于欧、亚、非大陆的中央，一些技术要素被创造出来向外传播的过程中，总会较快到达美索不达米亚，因此，这里也就能最快集齐文明起源的各大要素，最先产生文明。

2. 除了美索不达米亚文明和华夏文明，还有其他成就比较大的文明吗？

美索不达米亚文明、华夏文明、古埃及文明和古印度文明是目前世界上提及较多的四大文明。除此以外，欧洲人依托地中海的商业往来，弥补了在文明上的不足，建立了基于商业的古希腊文明。这五个文明起源地，基本都可以视为独立起源，被称为核心文明。核心文明又会带动周围地区产生文明，被称为次级文明，比如受美索不达米亚文明影响产生的波斯文明、受中国影响产生的日本文明等。除了基于灌溉农业和商业的文明，还有依托于畜牧业的游牧文明，比如斯基泰文明。如果跳出欧、亚、非大陆，美洲也有三个完整程度相对差一些的文明，即墨西哥的阿兹特克文明、中美洲的玛雅文明，以及秘鲁到玻利维亚一带的印加文明。

一起来参与！

1. 学完这节课，你想提出什么问题呢？把你的问题写下来吧！

2. 从目前的考古挖掘来看，最早出现的文明可能是大致位于现在伊拉克境内的什么文明？（答案见书后卡片）

第30课

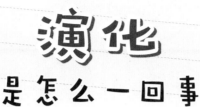
演化
是怎么一回事？

老师 布克，今天是我们人类演化史系列的最后一课了。在之前的
课程中，我们从雪球地球事件中动物逐渐成为地球的主角，
一直讲到人类文明诞生的前夕。那我想问问你，听过这样一
个厚重的故事后，你能不能总结出什么来呢?

布克 嗯……我想我知道了生命是在不断变化的。

老师 没错。在这7亿年里，地球上所有的生命形态——动物、植
物、真菌等都在经历着剧烈的变化。不过相比较而言，人类
只有区区几十年的寿命。人类有文字记载的文明也不过几千
年，从演化的角度来看真的是太短了，因此对我们来说，周
围的一切，如花草树木、猪狗牛羊，似乎总是那个样子，我
们不太可能在日常生活中观察到生物的演化过程。因此，直
到200年前，世界上很多人都认为，万事万物都是不变的，
这个世界上的一切都是在某一个瞬间一下子被创造出来，然
后再也不曾改变过。

布克 难道古代的人没有见过化石吗?

印着远古蠕虫痕迹的石头

老师 其实人们很早就知道化石的存在。不过，布克，如果我现在拿出一块恐龙骨头的碎片，或者一块印着远古蠕虫痕迹的石头给你看，你能从中看出什么生命的规律来吗？

布克 这个……好像确实什么也看不出来。

老师 是的。只有当人们开始非常系统地研究大量的化石和现存动物时，注意，这个大量真的是非常大的量，比如演化理论的重要奠基人达尔文就详细研究过来自全世界的几十万份标本，包括化石和动植物，然后再经过无数这样的科学家互相交流后，演化理论才一点一点地成形。即便如此，关于生物会不会演化、怎么演化的问题，人们还是争论了100多年，直到后来分子生物学的出现才给出了这个问题的总体答案。不过，直到今天，关于演化的一些细节也还在争论之中。

　　布克，你能概括一下人类是怎么从远古的一种小蠕虫演变成今天这样的吗？

布克 简单来说，就是这个小虫子先变成了鱼，然后鱼再登上陆地变成了两栖动物，再变成爬行动物，最后成了哺乳动物，然后就是我们了。这样说对吗？

老师 不错，说得很好。那么我考考你：今天水里依旧生活着许多鱼，沙漠里也有很多蜥蜴之类的爬行动物，这些动物跟我们是什么关系呢？

布克 它们不是我们的祖先，应该比我们低等一些吧？

老师 如果从生命诞生之初开始计算，人类可是经历了几十亿年的演化历史呢！那么你觉得这些鱼类和蜥蜴又经历了多久的演化过程呢？

布克 这个……好像跟人类一样吧？

老师 是的。今天地球上所有的生物都和人类经历了同样长的演化历史，因此并不存在高等、低等的分别，所有生物在演化上都是平等的。有些动物长得比较原始，被我们称为"活化石"，但并不意味着它们是古生物，而是说因为某些原因，它们在比较长的一段演化历史中形态改变比较小。

腔棘鱼被称作"活化石"

布克 那什么是古生物呢？

老师 既然凡是现在还活着的生物都不是古生物，所以古生物自然就是生活在古

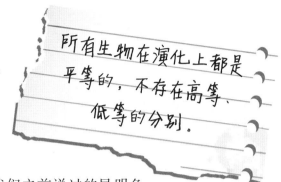

所有生物在演化上都是平等的，不存在高等、低等的分别。

代的生物了，比如我们之前说过的昆明鱼、邓氏鱼、霸王龙等。不过值得注意的是，有些动物，比如鹦鹉螺，虽然它们长得和大约 5 亿年前奥陶纪时的某些鹦鹉螺化石非常相似（至少它们的外壳长得都差不多），但是一般来说，科学家们不会把现代的鹦鹉螺和奥陶纪的古代鹦鹉螺看作是同一种生物。现代还活着的鹦鹉螺就是现代生物，奥陶纪的鹦鹉螺就是古生物。

鹦鹉螺

布克 为什么呀？难道现代的鹦鹉螺和古代的不是同一种动物吗？

老师 这是因为演化是从不间断的过程，世界上的一切生物，永远都在演化，只不过以我们人类的眼光来看，它们的外形变化比较小，不太容易看出来而已。但是外形并不是一个物种的全部，现代的鹦鹉螺较之古代的鹦鹉螺已经经历了数亿年的演化，它们之间肯定已经有很大的不同了，我们不能因为两者外表长得比较像就把它们当作同一种生物，就像我们不能因为翼龙和蝙蝠长得有点儿像就把它们看作同一种动物一样。

　　布克，还有一个问题我要考考你：你觉得生物为什么会演化，是什么力量在推动生物发生变化呢？

布克 是不是因为生物要适应生活环境，比如长颈鹿想吃到树上的叶子，就把自己的脖子变得长长的。

老师 布克，这样说就错了。生物的演化和这个生物怎么"想"没有关系。我们还是以长颈鹿为例，假设一个草原上有许多脖子长短不同的长颈鹿祖先，它们的脖子比别的动

长颈鹿

物只是稍微长一点儿，这时候来了一场灾荒，低矮处的草、树叶等不够吃了，只能吃比较高的树上的叶子。那么布克你来说说，脖子长一些的长颈鹿和脖子比较短的长颈鹿，谁能吃到更多的树叶呢？

布克 当然是脖子比较长的了，它们能够得着更高的树叶。

老师 是的。于是脖子短的长颈鹿就容易饿死，活下来的都是脖子比较长的。这些长脖子长颈鹿的后代的脖子往往也会比它们的前辈更长一些，经过许多代这样的筛选，长颈鹿的脖子也就变得越来越长了。

布克 老师，我记得您说过，演化会让生物分裂成许多不同的物种，这又是为什么呢？

老师 最常见的原因是地理隔离，比如一场地震导致大地上出现了一道新的峡谷，把原来一起生活的一个生物群体分裂成了两群，而且峡谷两岸的环境有一些差别，这样原本统一的两个群体就会朝着不同的方向演化，久而久之就成了两个不同的物种。

布克 我记得人类就是这么和黑猩猩分离的。那么既然物种会分裂，那就是说地球上的物种会越来越多吧？

老师 事实并不是这样的。物种当然会有增多的时候，但与此同时，物种也会灭绝。

布克 对，我们经历过泥盆纪末大灭绝、二叠纪末大灭绝等好几次大灭绝呢。

老师 其实物种的灭绝并不只是发生在这些大灭绝的时候，就算在平时，物种也会灭绝，大灭绝事件只是因为一些意外事件导致灭绝的速度远远超出了平时而已。总之，物种会变化，物种会增加，同时物种也会灭绝。

演化是一门非常深的学问，其中的知识奥妙无穷，远远不是几十节课可以讲得完的，如果你还想知道更多演化的奥秘，就要努力学习更多知识哟！

今天你学到了什么？

　　演化是真实存在的现象，科学家们对此有着非常丰富的证据。所有的生物都在演化，只要是生活在今天的生物，都经历了同样长的演化历史，都不是古生物，就算是那些所谓的"活化石"也不例外。生物的演化是环境选择的结果，不能适应环境的会被淘汰，由此推动了演化的过程。物种的演变、分裂、灭绝是一直都在发生的事情，这让地球上的生物面貌一直处于变化之中。

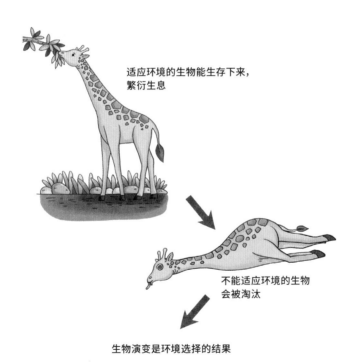

适应环境的生物能生存下来，繁衍生息

不能适应环境的生物会被淘汰

生物演变是环境选择的结果

你想到了吗？

1. 生物会产生退化现象吗？

传统上我们把生物的演化过程称为进化，不过这种说法存在一点儿偏见，即默认为生物在演变的过程中，是越来越高等，越来越优秀，是朝着好的方向发展的。但是实际上，生物的演化过程非常复杂，而且没有特定的方向，确切地说，是不存在好和坏的标准的。任何变化对生物来说都有利有弊，因此不适合用进化或退化这样的词来表述，比较合适的说法是演化。

2. 人类会影响其他生物的演化吗？

人类会影响其他生物的演化。事实上，世界上任何生物都和别的生物有着广泛的联系，总是在以各种方式互相影响彼此的演化。人类也是自然界的一分子，也遵循着同样的自然规律，所以，人类活动影响其他生物演化这件事本身并不存在好与坏的问题，也没有破坏自然法则。不过，我们既然已经了解了演化的规律，就应该着眼于全人类的利益，用科学的态度去调控人类对其他生物演化的影响，让人类和其他生物都从中获益。

一起来参与！

1. 学完这节课，你想提出什么问题呢？把你的问题写下来吧！

2. 生物的演化是环境选择的结果，不能适应环境的会被淘汰。现在生物演化还在继续吗？（答案见书后卡片）